让一人食更加美味、轻松

懒人食谱
轻松锡纸料理

Foil recipe

〔日〕浅野曜子　监修　　滕小涵　译

南海出版公司
2019·海口

Contents

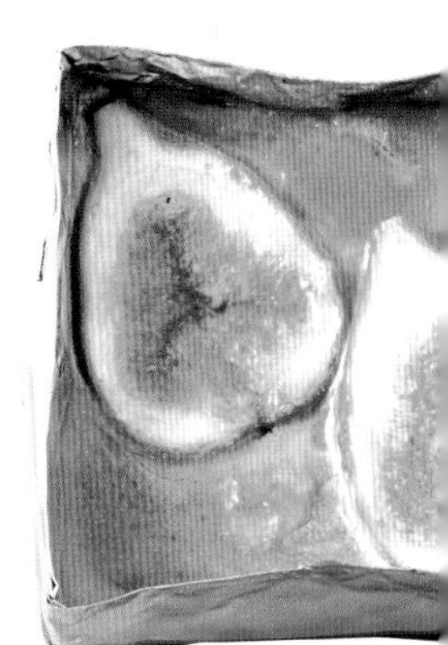

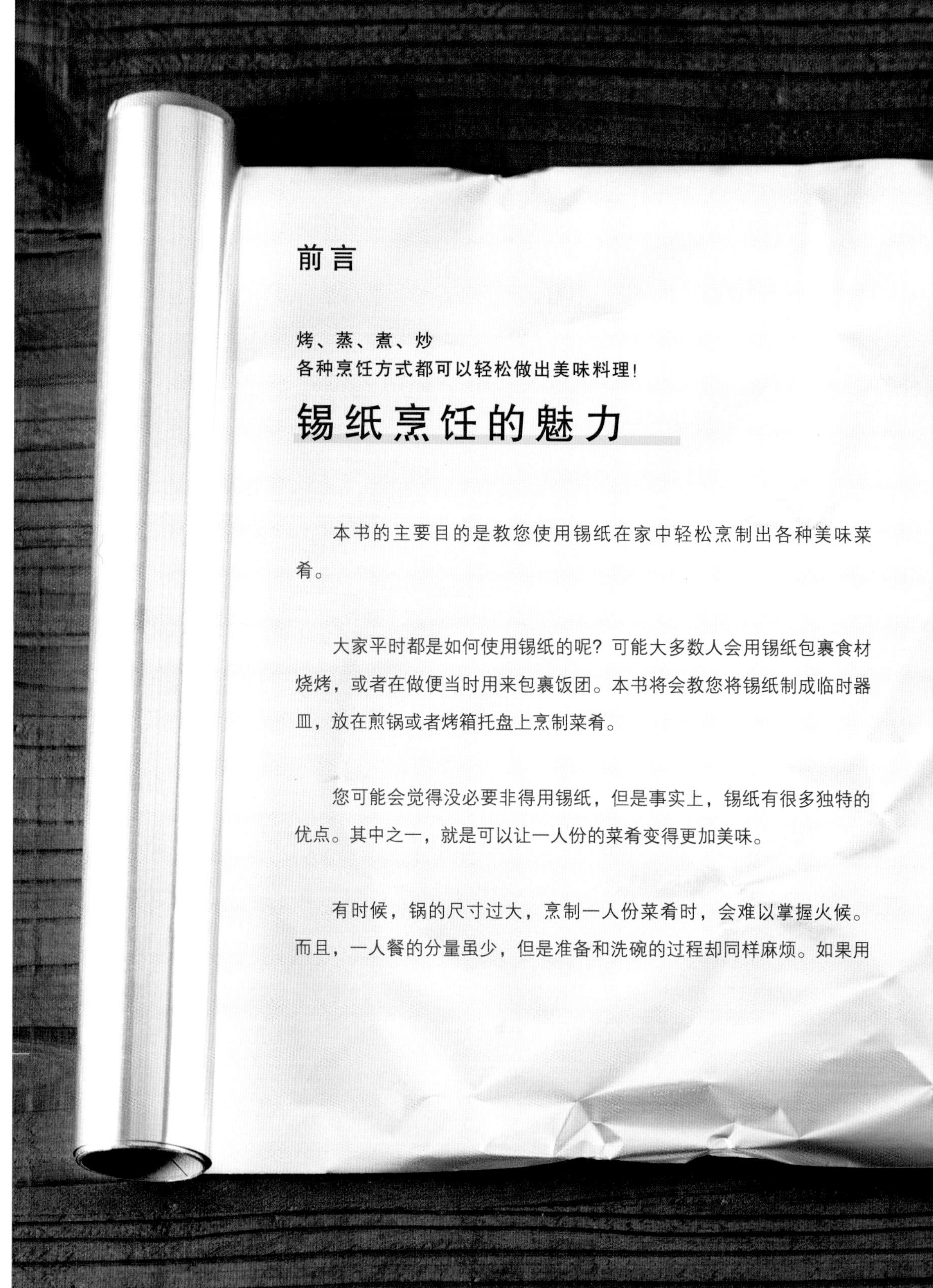

前言

烤、蒸、煮、炒
各种烹饪方式都可以轻松做出美味料理！

锡纸烹饪的魅力

本书的主要目的是教您使用锡纸在家中轻松烹制出各种美味菜肴。

大家平时都是如何使用锡纸的呢？可能大多数人会用锡纸包裹食材烧烤，或者在做便当时用来包裹饭团。本书将会教您将锡纸制成临时器皿，放在煎锅或者烤箱托盘上烹制菜肴。

您可能会觉得没必要非得用锡纸，但是事实上，锡纸有很多独特的优点。其中之一，就是可以让一人份的菜肴变得更加美味。

有时候，锅的尺寸过大，烹制一人份菜肴时，会难以掌握火候。而且，一人餐的分量虽少，但是准备和洗碗的过程却同样麻烦。如果用

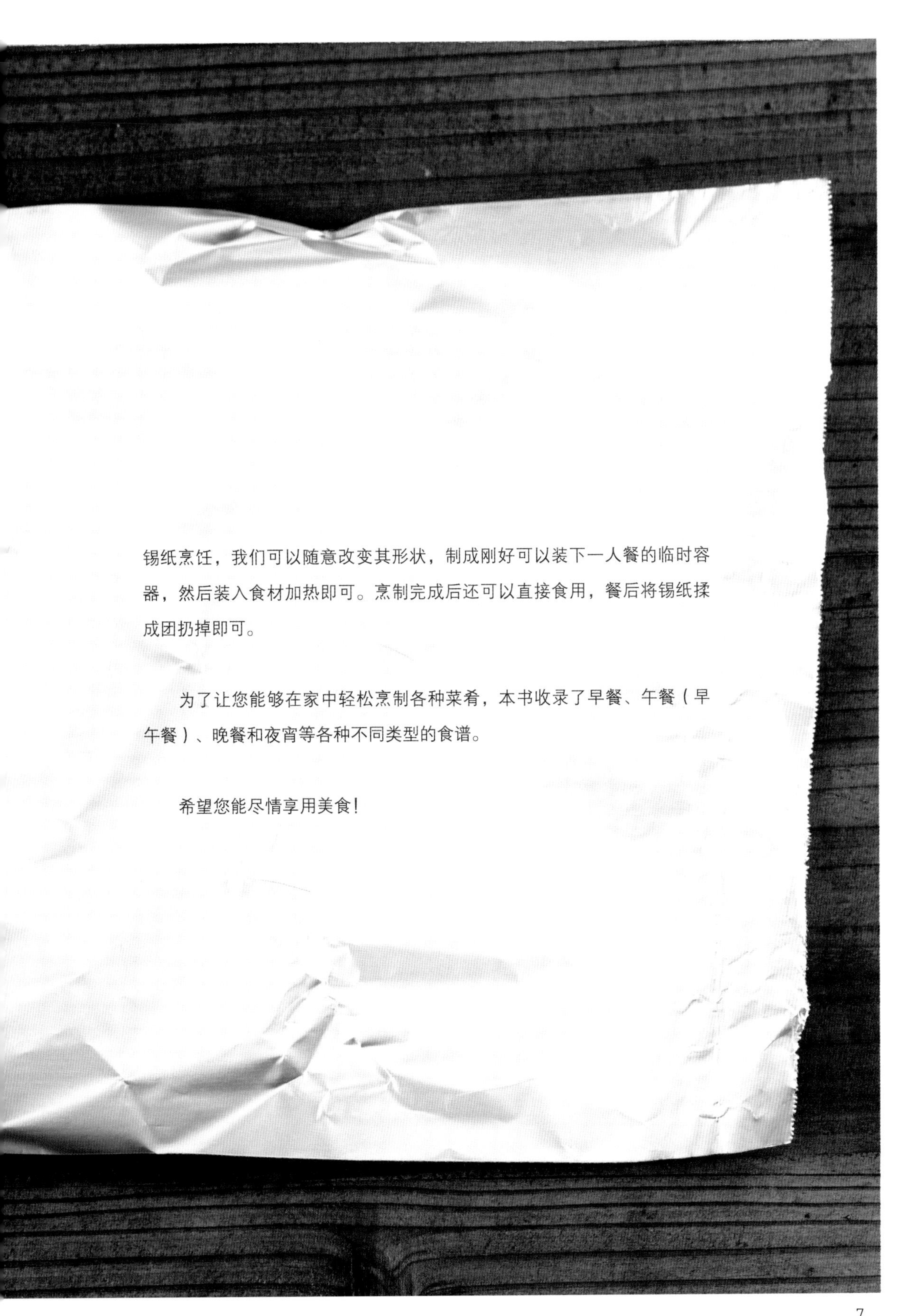

锡纸烹饪，我们可以随意改变其形状，制成刚好可以装下一人餐的临时容器，然后装入食材加热即可。烹制完成后还可以直接食用，餐后将锡纸揉成团扔掉即可。

为了让您能够在家中轻松烹制各种菜肴，本书收录了早餐、午餐（早午餐）、晚餐和夜宵等各种不同类型的食谱。

希望您能尽情享用美食！

使用锡纸烹饪

为了让烹饪出的菜肴更加美味，在使用锡纸前，需要掌握这6个小诀窍。

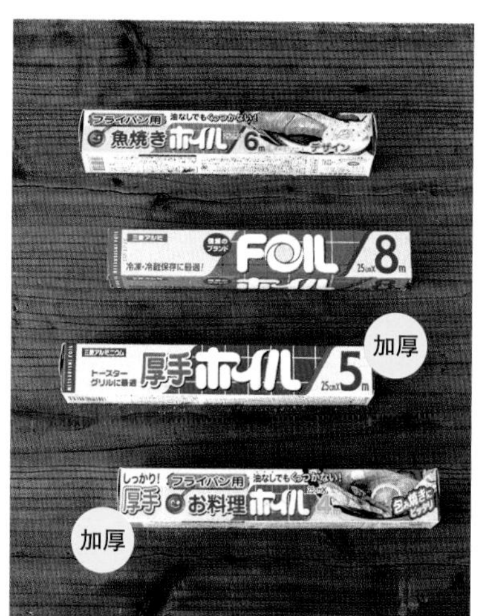

Rule 1

使用厚锡纸

因为要用来制作烹饪器皿，所以需要使用结实的厚锡纸。另外，还可以使用一种含硅胶树脂的锡纸，不易粘住食材。

Rule 3

器皿形状主要是方盒形和碗形

可以使用双层锡纸制作盛放食材的器皿。注意将容器的高度做高一些，这样可以防止水或调味料在烹饪过程中溢出。

使用双层锡纸

本书中均使用双层锡纸。使用双层厚锡纸可以防止水或调味料渗出，也不容易破碎。

Rule 4

将食材切成薄片

在本书的食谱中，通常只需将食材放入锡纸器皿中加热即可，不必长时间翻炒或炖煮，十分简便。将食材切成薄片会使之受热均匀。

Rule 5

烤箱是做饭的好帮手

本书主要使用烤箱和平底锅作为烹饪器具。只需将食材放到烤箱托盘上加热便可轻松完成。

巧用塑料袋

使用锡纸烹饪之前，将食材和调味料放入塑料袋中用手揉搓，这样可以在短时间内搅拌均匀。利用盛放食材的塑料袋，可以减少垃圾的产生。

注意：

- 使用烤箱时，请将锡纸器皿放置于烤箱托盘上，不要让锡纸直接接触热源。
- 如果您使用的平底锅是氟碳树脂涂层的不粘锅，请不要干烧，注意控制火力的大小，以防缩短涂层寿命。
- 加热后的锡纸温度很高，请注意不要被烫伤。
- 锡纸不能用微波炉加热。
- 烹饪前请仔细阅读烹饪用具的说明书。

NG小提醒

有酸味的食材不要提前放入容器中

醋以及柑橘类等有酸味的食材和含盐量很高的食材不要长时间放置于锡纸容器中，因为会导致容器变色或被腐蚀以致破裂。本书中所有食谱都会在加热后再加入酸味食材。

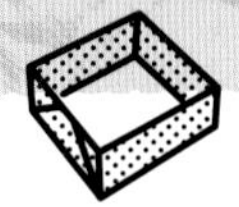
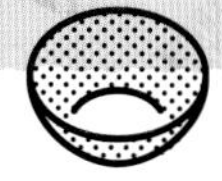

锡纸容器的制作方法

本书根据不同的食谱，使用锡纸制作出不同形状的器皿。
但是，您也不必完全按照书中的做法制作器皿，
只要保证器皿高度足够且食材不会漏出，可按照个人的喜好加以调整。

1. 烹饪饭类或汤汁较多的菜肴时使用 碗形

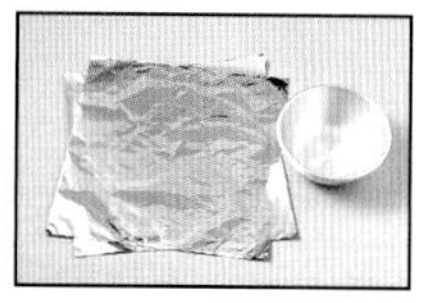

准备材料

- 边长 25cm 的正方形锡纸 2 张
- 直径约 15cm 的碗 1 个

1

碗倒扣过来，盖上锡纸，使其贴合碗的轮廓。

2

碗正过来，沿着碗边将锡纸多余的部分捏成碗沿的形状。

3

取出碗，制作完成。

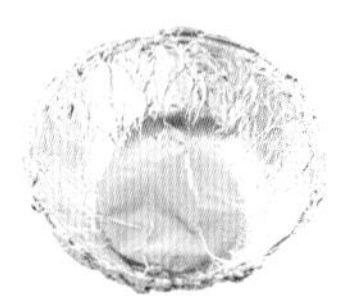

适用的食谱

鲣鱼干烧饭（p22）、小扁豆热沙拉（p24）、比尔亚尼风味饭（p42）、石锅拌饭（p56）、鲑鱼芹菜杂烩饭（p60）、培根梅杂烩面（p61）。

用盘子来代替碗

如果没有大小合适的碗，可用盘子来代替。尽量使用深一些的盘子，用锡纸做成盘子形状的容器。取出盘子后，折好锡纸的边缘，再调整成合适的深度。

2. 蒸、烤时使用 信封形、糖果形

准备材料

- 边长 25cm 的正方形锡纸 2 张（请根据食材的大小调整形状）

信封形

1 食材和调味料放在锡纸的中央。

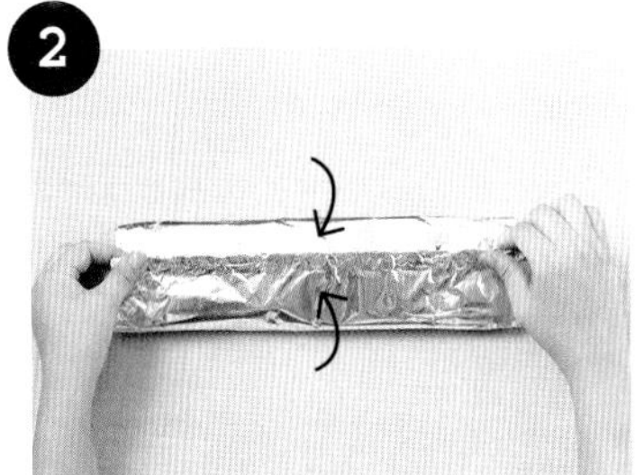

2 上下多余的部分折向中间，卷2～3次，封实开口。

3 旋转90°，上下两端多余的部分折2～3次。

糖果形

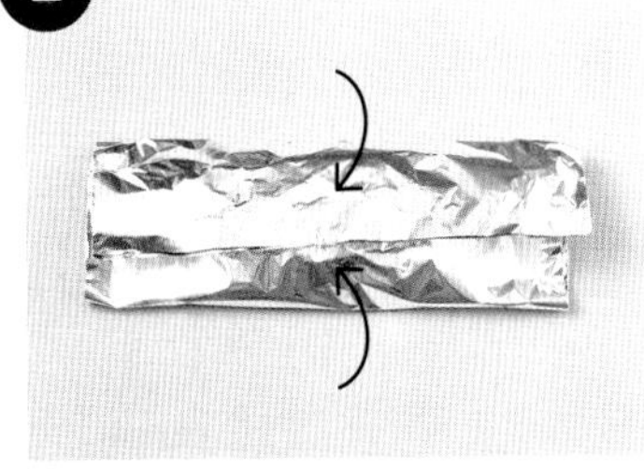

1 食材放到锡纸的中央，上下多余的部分折向中间，重叠在一起，盖住食材。

2 捏紧左右两端，密封食材。

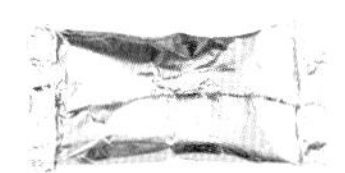

适用的食谱

肠粉（p33）、葱香腌鱿鱼（p49）、西葫芦卷（p54），适合汤汁比较少且容易烤煳的菜品。

如果想要烤出焦黄色，不妨使用另一种“糖果船形”包裹方式

如果您不想焖蒸，希望在食材表面烤出棕褐色，可以将锡纸折成糖果船形。

1 根据原材料的大小，准备2张长方形锡纸，重叠。

2 对折，再展开，折痕凸起面朝上放置于桌面上。

3 将上下两部分分别折向中间折痕处。

4 将第**2**步中折痕凸起面向下压、作为底面，捏紧两端，做成船形。

5 为了不让两端开口，可以稍微折叠一下。

3. 对应所有的食谱 方盒形

浅方盒形

准备材料
- 20cm × 25cm 的锡纸 2 张
- 10cm × 15cm 的浅方盒

1

将方盒倒扣过来，上面盖上锡纸。

2

将锡纸按照方盒的形状捏好。

3

将方盒翻过来，固定好锡纸的边缘后，取出方盒。

也可以直接将锡纸的四面折高。

小技巧

制作锡纸容器的关键就是容器的大小要与食材尺寸相匹配。接下来我们将介绍如何使用手头现有的材料来制作锡纸容器。

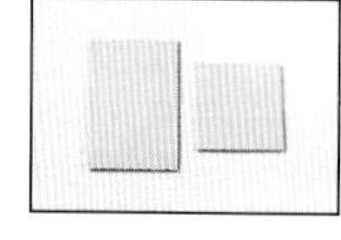

准备材料
- 方形纸板，与您想制作的锡纸容器底面大小相同。
- 锡纸 2 张，长与宽均大于纸板 10cm。

1
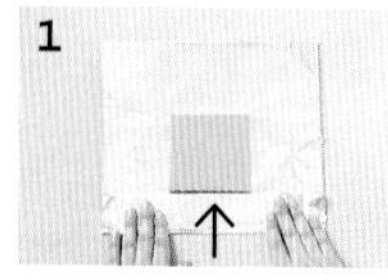
厚纸板放置于锡纸中央，将锡纸的四面向内侧折叠再展开。

2
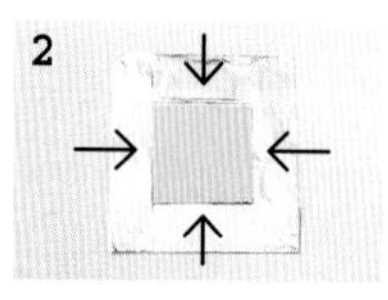
折完后展开的状态如图所示。

3

将折过来的四边立起来。四个角折成三角形，然后折到侧面去。

4

取出纸板。

5

完成。

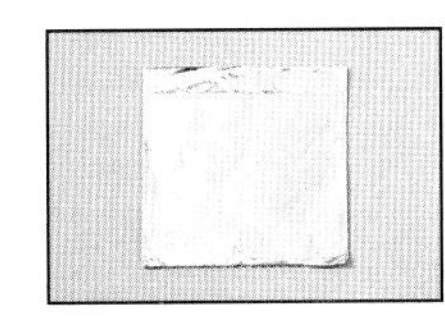

准备材料

• 边长 25cm 的正方形锡纸 2 张。
（请根据食材的大小调整形状）

深方盒形

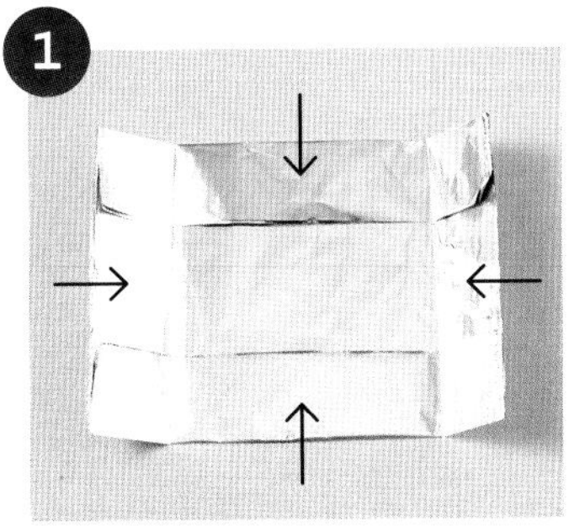

锡纸的四边向里折大约5cm。（向里折的宽度，与最后盒子的高度相同）

折过的部分展开。

折进去的部分的四个角捏成三角形。

将四个三角形沿折到侧面。

适用的食谱

香滑韭菜鸡蛋（p17）、美式&日式早餐（p18）、虾仁香菜炒面（p27）、香菜拌饭（p30）、番茄肉焖饭（p35）、蛤蜊芜菁花菜浓汤（p41）、盐烤竹筴鱼（p47）。

本书使用方法

● 锡纸的尺寸与烹饪器具。

标示锡纸尺寸与烹饪器具。因原材料大小不同，锡纸的尺寸也有所不同，本书中主要使用边长 25cm 的锡纸烹饪。标有两种烹饪器具时，可以任意选用。书中标示的时间是使用功率为 1300W 烤箱、温度 180℃～ 230℃时所需的大致时间。具体烹饪时长可能会因烹饪器具型号和其他条件的改变而有所不同，请酌情处理。

● 参考图片

完成菜品的展示图。可为制作锡纸容器提供参考。

Part2 for Dinner

芝麻烤金枪鱼盖饭

芝麻烤鲐鱼是日本福冈的名菜，这里改用金枪鱼来烹饪。
先直接食用，然后可以尝试用茶泡饭，品尝两种不同的味道。

25cm
2张
容器：直径 15cm
5～6分钟

材料（1人份）

金枪鱼（刺身用）…… 5片（约60g）
酒……………… 1½小匙
A •腌制酱汁
白芝麻酱……………… 2大匙
白碎芝麻……………… 4大匙
白芝麻……………… 1小匙
酱油……………… 2½大匙
酒……………… 1½大匙
鸡蛋黄……………… 1个
米饭……………… 130g（将近1碗）
葱白切丝……………… 5～6cm长
芥末……………… 少许

制作方法

1 将酒洒在金枪鱼片上，将A中材料放入塑料袋中揉搓均匀 P。
2 将金枪鱼片放进塑料袋中，放入冰箱腌制1小时。
3 将热米饭放入碗形锡纸容器中，将2中金枪鱼片放到米饭上，袋中的酱汁可以按照个人喜好倒入米饭中。
4 放入烤箱中加热5～6分钟，烤出焦黄色后取出，放上葱白丝和芥末。

烹饪 & 食用小窍门

- 由于我们使用的是金枪鱼刺身，因此只需将表面烤熟即可，加热时间过长会导致肉质变硬，口感变差。
- 茶泡饭可以用比较浓的绿茶。

P point

腌制金枪鱼片时加入蛋黄可以让汤汁变得更加浓稠。

045

本书标示

烤箱

18～20分钟

平底锅

18～20分钟

● 小窍门

除了制作方法，这里为您总结了一些小窍门。

● 材料

书中均为 1 人份食材。烹饪中使用锡纸容器，如需烹饪双人餐，须制作两个容器分别烹饪。

书中 1 大匙 =15mL
1 小匙 =5mL
1 杯 =200mL

● 制作方法

锡纸容器的制作方法请参考 p10 ～ 13。加热时间仅供参考。如果怕烤煳，可以盖上合适大小的锡纸盖子。

● 要点

制作过程中有些需要解释的地方，我们会添加图片进行详细说明。

Part 1

for Breakfast & Brunch

早餐&早午餐的锡纸食谱

沙丁魚卷心菜芥末三明治

油浸沙丁鱼的鲜香搭配粗粒芥末酱的酸味，让人欲罢不能！
使用罐装沙丁鱼，摄入丰富的营养吧！

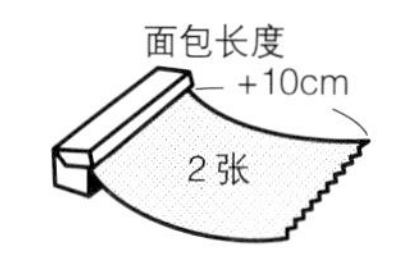

容器：尺寸与面包片大小相符，高度约 3cm。

材料（1人份）

卷心菜………………1/10个（70g）
油浸沙丁鱼罐头…………………
………………1/2罐（4条沙丁鱼）
粗粒芥末酱……………… 1½大匙
黑胡椒碎…………………… 少许
面包片…………………………1片
蛋黄酱…………………… 1½小匙
鲜柠檬片…………………… 适量

制作方法

1 卷心菜切成细长条，放入干净塑料袋中。加入1大匙油浸沙丁鱼罐头中的油和粗粒芥末酱，再撒上黑胡椒碎。充分揉搓塑料袋，混合均匀。

2 面包片放入烤箱中加热2分钟左右。

3 将蛋黄酱涂抹到2中的面包片上，将1中材料倒在面包片上，沙丁鱼排列整齐，放入方形锡纸容器中，再放入微波炉中加热5分钟左右，直到面包烤出香味，呈焦黄色。

4 放上柠檬片，食用时挤上柠檬汁。

烹饪 & 食用小窍门

- 以 5 片装面包片的厚度为佳，也可以使用黑麦面包。

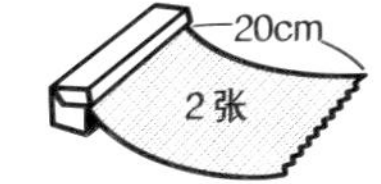

香滑韭菜鸡蛋

锡纸烹饪，火候刚刚好，轻松做出口感顺滑的鸡蛋。
芝麻油散发着诱人的香气，一顿让人食指大动的美味早餐。

容器：10cm×10cm×5cm

2+5分钟

材料（1人份）

韭菜……………………………1/3根
芝麻油…………………………1大匙
鸡蛋……………………………2个

A
- 鲣鱼精……………………1/2小匙
- 糖、盐……………………各1/4小匙
- 酒…………………………1½大匙

烹饪＆食用小窍门

- 尽量将容器制作得小一些、深一些，可避免蛋液摊开过薄，这样鸡蛋的口感会更加顺滑。
- 如果想缩短烹饪时间，可以提前在塑料袋中将芝麻油和韭菜揉搓均匀。

制作方法

1 韭菜叶片部分切成4cm长的小段，根部切成2cm长的小段。

2 把方盒形锡纸容器放在平底锅上，在容器内倒入芝麻油，开中火加热。放入韭菜用筷子翻炒均匀，加热约2分钟，直到韭菜变软且颜色鲜绿。

3 关火，打入鸡蛋，使用筷子轻轻搅碎。

4 将A中调味料放入3，再开中火加热，直到容器底部的鸡蛋略微凝固，向平底锅中加入200mL水 P。时不时地从底部翻炒，直到鸡蛋呈松软块状。

P point

水加入平底锅后，最重要的是轻轻地大幅度搅拌。在蛋液还未完全凝固时关火，用余热使其凝固。

美式 & 日式早餐

用锡纸烹饪这种全新方式来制作美式和日式早餐。
美好的一天从营养均衡的早餐开始！

美式早餐

日式早餐

美式早餐

营养均衡的能量早餐！

材料（1人份）

菠菜…………………………… 3～4棵
西红柿…………………………… 2个
博洛尼亚火腿……………… 2片（1cm厚）
面包片……………………… 1/2或1片
鸡蛋……………………………… 1个
帕尔玛奶酪…………………适量（奶酪粉）
小茴香……………………… 1棵（可不加）
蛋黄酱…………………………… 适量
橄榄油………………………… 5～6滴
盐、黑胡椒碎…………………… 适量
黄油……………………………… 8g
孜然粉（孜然粒）……… 1/8小匙（可不加）

制作方法

1 将菠菜切成等长的3段，用吸满水的厨房用纸卷起，再用锡纸包成信封形 P。

2 将中等大小的西红柿切成两半，将面包片切成能够放入锡纸容器内的合适大小。

3 将方盒形锡纸容器放到烤箱托盘上，将1、2还有博洛尼亚火腿摆放在其中。

4 帕尔玛奶酪和小茴香、蛋黄酱放到西红柿上。在博洛尼亚火腿上撒黑胡椒碎。再在面包片上滴几滴橄榄油。

5 将鸡蛋打到小且深的方形锡纸容器中，加入盐和黑胡椒碎。与面包片等一起放入烤箱中加热约10分钟。

6 一边加热一边观察，面包烤出褐色后盖上锡纸盖，避免烤焦。加热结束后打开包裹菠菜的锡纸，撒上盐、黑胡椒碎、黄油和孜然粉。

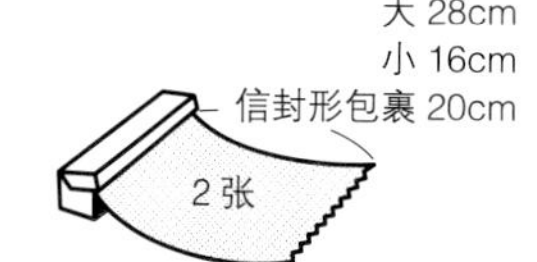

容器：大：20cm × 14cm × 4cm
小：8cm × 6cm × 5cm
信封形包裹：边长 20cm 的正方形

烹饪 & 食用小窍门

- 所有的食材装到一个盒子里，所以容器较大，放入食材后可能会很难移动，因此请先将容器放置于烤箱托盘上，再摆放食材。
- 如果您喜欢，可以在菠菜中加入蛋黄酱，也很美味哦。

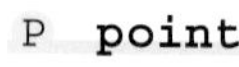

用吸足水的厨房用纸和锡纸包裹菠菜再加热可以去掉菠菜的涩味，将菠菜蒸得十分柔软。但是如果厨房用纸没有被包裹好，可能会被点燃，因此厨房用纸的尺寸一定要小于锡纸。

日式早餐

盘子里居然还能做出味噌汤！

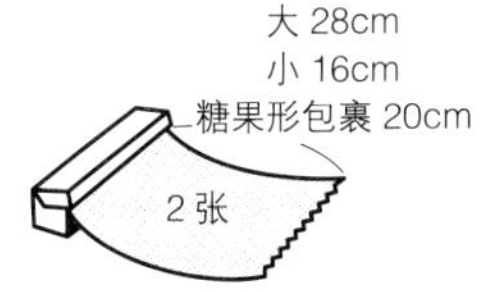

容器：大：20cm×14cm×4cm
小：8cm×6cm×5cm
糖果形包裹：边长 20cm 正方形

材料（1人份）

米饭…… 100g（约7/10碗）
拌饭料…… 适量
四季豆……3根
香菇…… 2个（其他菌类）
腌鲑鱼……1块
干海带…… 少许
鲣鱼精……1/2小匙
水…… 120mL
鸡蛋……1个
味噌……1小匙
蛋黄酱…… 适量
盐…… 少许

加热前

制作方法

1 拌饭料撒在米饭上，捏成饭团。将四季豆去筋切成3段，用吸满水的厨房用纸卷起，再用锡纸包成信封形。香菇去掉根部。

2 将方盒形锡纸容器放到烤箱托盘上，将1中食材和腌鲑鱼摆放到容器中，将干海带、鲣鱼精和水放入小且深的方形锡纸容器中，鸡蛋整个用锡纸包成糖果形 P 。

3 放入烤箱，加热15分钟左右。

4 加热后将味噌放入小锡纸容器中，在四季豆中加入蛋黄酱，在腌鲑鱼上撒盐。

烹饪 & 食用小窍门

- 为了避免用来包裹四季豆的厨房用纸起火，请将其完全包裹在锡纸内。
- 加热过程中若味噌汤的水沸腾向外溅出，可以加入1块冰。

P point

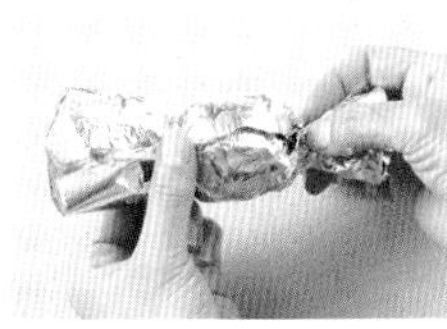

鸡蛋在常温状态下用锡纸包成糖果形放入烤箱。加热 10 分钟左右鸡蛋呈半熟流动状，加热 15 分钟后会完全凝固，可根据个人喜好调整加热时间。

鲣鱼干烧饭

鲣鱼干烧饭搭配品种丰富的蔬菜，表面微微烤出焦褐色，更加美味！
像拌饭一样拌匀后尽情享用吧！

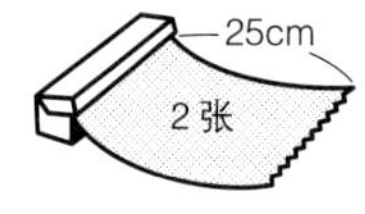

容器：直径 15cm

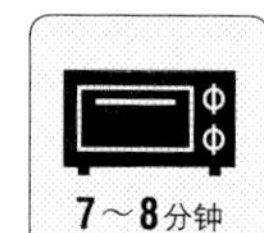

材料（1人份）

阳荷……………………………1个
青葱……………………………5根
紫苏叶…………………………2片
米饭………………　130g（近1碗）
鲣鱼花…………………………3大匙
酱油……………………………1小匙
橄榄油、黑芝麻…………各1大匙
梅子干…………………………1个

制作方法

1 阳荷斜着切成薄片，青葱一半切成末，另一半切成3cm长。紫苏叶切成细丝。

2 米饭放入碗形锡纸容器中，加入一半的鲣鱼花、青葱末、酱油、橄榄油和黑芝麻，搅拌均匀后放入塑料袋或保鲜膜团成球形 P。

3 将2放回锡纸容器中，用烤箱加热7～8分钟，直到米饭表面微微烤出焦褐色。

4 出现焦褐色后，从烤箱中取出，放入1中的青葱段、阳荷、紫苏叶、剩余的鲣鱼花和梅子干，再滴3～4滴橄榄油，搅拌均匀。

烹饪 & 食用小窍门

- 米饭呈稍深的焦褐色会更好吃，所以加热7～8分钟后，如果颜色还比较浅，可以视情况继续加热一会儿。
- 剩下的米饭可以做成饭团，放到便当里或者当夜宵吃。已经充分调味，所以即使放凉了，味道也会很好。

P point

放入烤箱前，可以在碗形锡纸容器中搅拌食材，非常方便。米饭搅拌均匀后可以直接放入烤箱加热，但团成球形表面更容易烤出焦黄色。

香烤蛋浇饭

蛋浇饭深受大家的喜爱，烤过后香气四溢。
满满的奶酪，口感醇厚，美味诱人。

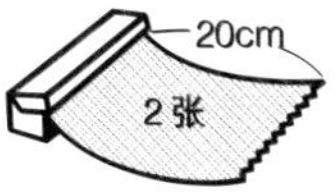

20cm
2张

容器：12cm × 12cm × 4cm

材料（1人份）

帕尔玛奶酪…… 1½大匙（奶酪粉）
蛋黄……………………………1个
蘸面汁…………………… 1/3小匙
橄榄油…………………… 1½小匙
米饭……………… 130g（近1碗）
黄油…………………………… 5g
辣椒粉、黑胡椒碎………… 适量
橄榄……………………………2颗

制作方法

1 帕尔玛奶酪、蛋黄、蘸面汁、橄榄油和米饭放入方盒形锡纸容器中，搅拌均匀。

2 黄油块放到1上，撒上辣椒粉和黑胡椒碎，放入烤箱中加热12～13分钟。

3 表面烤到焦黄后，滴入蘸面汁，放2颗橄榄。

烹饪 & 食用小窍门

- 黄油使用量可以根据个人喜好调整。
- 可根据个人喜好选择使用黑或绿橄榄。也可以切成薄片，混到米饭里。

小扁豆热沙拉

与普通沙拉不同，这是一款热沙拉。
使用丰富的豆类和蔬菜，对皮肤很有益处。

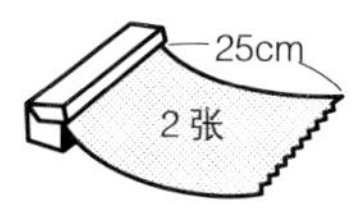

容器：直径 15cm

or

材料（1人份）

小扁豆…………… 5大匙（约65g）
芹菜……………… 1/5根（约20g）
黄瓜………………………… 1/2根
洋葱……………… 1/8个（约25g）
胡萝卜…………… 1/10根（约20g）

A
*调料
白葡萄酒醋 ……… 2½大匙
盐 ………………… 1/4小匙
砂糖 ……………… 1/5小匙
橄榄油 ……………… 2大匙
蒜末 …………… 1/2瓣的量

培根块……………………… 50g
盐………………………… 1/2小匙
水………………………… 120mL
黑胡椒碎…………………… 少许

制作方法

1 小扁豆放入500mL的热水中浸泡30分钟。芹菜、黄瓜和洋葱切成边长1cm的小块，胡萝卜切成边长7～8mm的小块。

2 将**A**中的调味料和**1**中蔬菜全部放入塑料袋中 P。

3 培根块切成边长2cm的小块。

4 将**1**中的小扁豆从水中捞出，沥干后放入碗形锡纸容器中，放入培根块、盐和水。将容器放到平底锅上，开中火。

5 沸腾后，用锡纸盖好，煮12～13分钟。水煮干，豆子变软后，关火。小扁豆要是太硬就再加入20mL的开水，继续加热，直到小扁豆变软。

6 关火后趁热倒入**2**中的调味料，搅拌均匀，撒上黑胡椒碎。

烹饪 & 食用小窍门

- 如果用平底锅加热，注意不要让锡纸超出锅的边缘，以免直接接触到火焰。
- 使用烤箱加热时，可以盖上锡纸盖加热25分钟左右。

P point

在混合塑料袋中的调料和蔬菜时，为了不让水漏出，一定要拧紧塑料袋口，然后再混合均匀。

虾仁香菜炒面

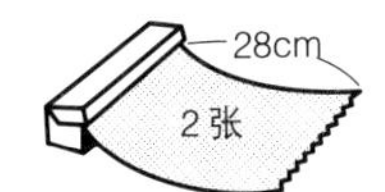

容器：20cm×10cm×4cm

将原材料全部放入塑料袋中调味，然后再直接放入锡纸容器中加热即可！
这是一首虾仁、香菜和生姜的美味协奏曲。

材料（1人份）

生姜……30g
干虾仁……3½大匙
鲜虾仁……10个
面条（炒面用）……1包
A
- 芝麻油……1½大匙
- 盐……1/4小匙
- 酱油……1小匙
- 绍兴酒……1大匙（料酒）

香菜……2棵（水芹）
黑胡椒碎……适量

制作方法

1 生姜切细丝（切丝时要确保刀与纤维方向垂直），在水中泡30分钟。干虾仁切末，鲜虾仁挑出虾线。

2 打开面条，放入微波炉中加热30秒左右。

3 将1、2与A放入塑料袋中，用手将调味料揉捏均匀P。

4 将香菜切成10cm长的长段。

5 将3从塑料袋中倒入方盒形锡纸容器中，放入烤箱加热7～8分钟。从烤箱中取出后撒上黑胡椒碎，放入香菜，趁热搅拌均匀。

烹饪 & 食用小窍门

- 新姜不如老姜辣，因此如果使用新姜，用量会是老姜的两倍（60g），但无须在水中浸泡。

P point

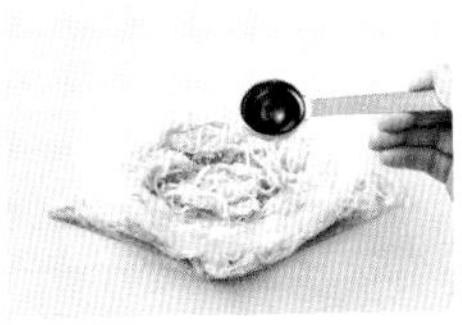

先将面放入微波炉中加热，变软后会更容易入味。

海南鸡饭

海南鸡饭在新加坡、马来西亚等东南亚国家十分受欢迎。
但制作过程复杂，锡纸竟让它变得如此简单！

20cm 2张

容器：15cm × 12cm × 4cm

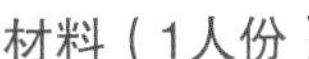

材料（1人份）

鸡腿肉…………………… 1块（160～180g）

A
*腌制鸡腿肉时使用
- 蒜泥 …… 1瓣的量（管装蒜泥约1小匙）
- 生姜泥 ……… 拇指大小条状2cm长（管装生姜泥约2小匙）
- 盐 …………………… 1小匙
- 胡椒 …………………… 适量

粘稻米…………………… 1/2杯（若使用日本大米，需放入热水中浸泡30分钟）

色拉油…………………… 1½大匙

蒜末…………………… 1瓣

B
- 盐 …………………… 2/3小匙
- 香菜根 …………………… 1～2根
- 水 …………………… 110mL

香菜（装饰用）…………………… 2棵

柠檬…………………… 适量

黑胡椒碎…………………… 适量

C
*1号酱汁
- 柠檬汁 …………………… 20mL
- 鱼露 …………………… 10mL
- 香菜 …………………… 适量

D
*2号酱汁
- 蒜末 …………………… 1瓣的量（管装蒜泥约1小匙）
- 生姜 ………… 拇指大小条状2cm长（管装生姜泥约2小匙）
- 味噌 …………………… 1小匙
- 醋 …………………… 3小匙
- 砂糖 …………………… 半小匙
- 鱼露 …………………… 2小匙

制作方法

1 鸡腿肉与A中调味料一起封入保鲜袋中，揉搓均匀，放置30分钟。在大米中加入500mL水，浸泡30分钟。

2 方盒形锡纸容器放置于煎锅上，加入色拉油和蒜末，点火加热至黄褐色（不要烤煳），关火。

3 在2中加入沥干水分的籼稻米、B和1中的鸡腿肉，开中火。沸腾后转小火，用锡纸盖好，再盖上锅盖。

4 约煮10分钟，煮到容器中水分蒸干为止。尝一下米饭，如果觉得硬就再加一点水继续煮一会儿。

5 煮好后，将鸡腿肉取出放到刚才的锡纸盖子上，将米饭充分搅拌。再将鸡腿肉放回米饭上，并用剪刀剪成宽约3cm的长条。最后放入柠檬和切成2cm长的香菜，撒上黑胡椒碎。

6 C和D两种酱汁，可搭配食用。

烹饪 & 食用小窍门

- 大蒜很容易烤焦，可以提前一会儿关火，用余热将大蒜烤至黄褐色。
- 香菜根香味浓郁，使用前要先将表面的土洗净。
- 锡纸容器放到煎锅上后注意不要干烧。
- 煮米饭加水时，一次只需加10mL左右，并充分搅拌。

P point

将一块鸡腿肉放到米上面，在煮饭的过程中，大米可以充分吸收肉汁的香味。在食用之前，直接在米饭上将鸡腿肉剪成适口的长度，这样是为了让米饭充分地吸收肉汁。不方便在米饭上剪时，可以将其取出，放到盘子等容器中再剪。

香菜拌饭

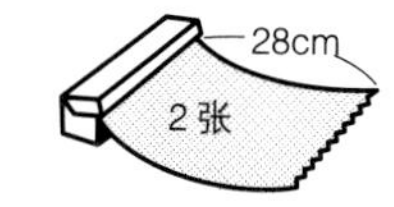

容器：20cm × 10cm × 4cm

12～13分钟

买了一包香菜却用不完？
那就用来拌饭吃吧！

材料（1人份）

A
- 猪肉馅 …… 40g
- 洋葱末 …… 1/10个的量（约20g）
- 生姜泥 …… 拇指大小条状2cm长的量（管装生姜泥约1小匙）
- 蒜泥 …… 1瓣的量（管装蒜泥约1小匙）
- 朝天椒／红辣椒（切成圆片）…… 1根（不爱吃辣的人可不放）
- 鱼露 …… 2小匙
- 泰国调味酱油 …… 1小匙（可用蚝油代替）
- 砂糖 …… 1/3小匙

籼稻米 …… 1/2杯（若使用日本大米，需放入热水中浸泡30分钟）

水 …… 100mL

香菜 …… 3～4棵

B
- *酱汁
- 豆瓣酱 …… 1/2小匙
- 醋 …… 1大匙
- 白砂糖 …… 1/4小匙
- 鱼露 …… 1小匙

制作方法

1 去掉朝天椒的种子。将A中材料放到塑料袋中揉搓均匀，放置20分钟以上 P。

2 将香菜叶子撕下来，茎切成1.5cm的小段。根留下1～2个，其余扔掉。

3 将1中材料、沥干水分的籼稻米、水和2中的香菜根放入方盒形锡纸容器中，将容器放到平底锅上开中火，盖上平底锅锅盖。沸腾后，打开锅盖，用锡纸盖住容器，再盖上平底锅锅盖，转小火。

4 煮7～8分钟，煮到容器中水分蒸干为止。尝一下米饭，如果觉得硬就再加一点水继续煮一会儿。

5 煮好后关火，焖5分钟，将2中的香菜茎和2/3的叶子倒入米饭中，充分搅拌。剩下的叶子放在饭上，做装饰用。

6 加入B中酱汁。

烹饪 & 食用小窍门

- 香菜根香味浓郁，使用前要先将表面的土洗净。
- 将锡纸容器放到煎锅上后注意不要干烧。
- 煮米饭加水时，一次只需加10mL左右，并充分搅拌。
- 想要马上吃的人可直接取出，不用焖5分钟。

P point

将调料和猪肉馅充分混合，按揉均匀，这样才能入味。

肠粉

米粉皮包裹着馅料蒸熟，这是香港和台湾的著名早点。
使用越南春卷皮可轻松制作!

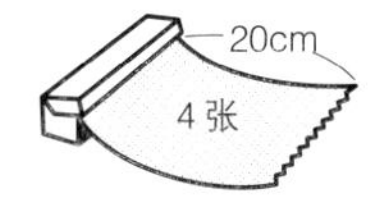

信封形包裹：20cm×20cm

or

材料（1人份）

A
- 猪肉馅 …………………… 60g
- 酱油、白砂糖 …… 各3/4小匙
- 蒜末 ……………… 2/3瓣的量（管装蒜泥约2/3小匙）
- 绍兴酒 ……………… 2/3小匙

B
- 酱油 ……………………1大匙
- 芝麻油、蜂蜜 …… 各1/2大匙
- 白砂糖 ……………… 1/3大匙

鲜虾仁…………………………6个
香菜……………………… 3～4根
豆芽………………………… 40g
越南春卷皮……… 2张（直径16cm）
水……………………………4大匙

制作方法

1 将A中材料放入塑料袋中混合均匀，放置20分钟。利用这段时间调好B中的调味料。

2 鲜虾仁去除虾线，香菜叶撕下，嫩茎切成3cm的长条。豆芽去根。

3 锡纸摊开，将两张厨房用纸铺在中央（面积略小于锡纸），将2大匙水均匀撒到纸巾上，在上面放上1张春卷皮。

4 春卷皮稍稍吸水后，将虾仁、香菜、豆芽和塑料袋中的A按顺序放到春卷皮上，全都只放一半的量。

5 将春卷皮的左右两端折向中间，从前往后卷，将能看到虾仁的面朝上，将厨房用纸折起来，锡纸包成信封形 P（用同样的步骤再做1个）。

6 5中包好的一面朝上，放入烤箱中加热10分钟左右。蘸着B中的酱汁食用。

烹饪 & 食用小窍门

- 使用平底锅加热时，放入锅中后加些水，水量加到快到锡纸缝的位置。
- 可用厨房剪刀将肠粉剪成3等份，方便食用。

P point

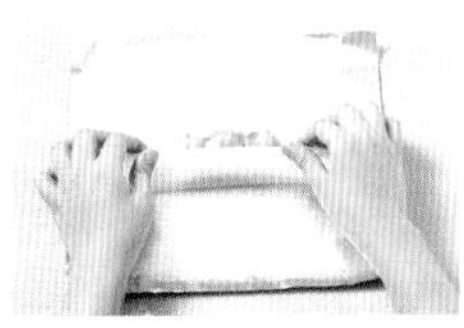

卷皮的过程中需注意，春卷皮吸水后会软化，很难卷起，因此将春卷皮放到湿润的纸巾上后，最好马上开始卷。厨房用纸如果太大，可以将两边折一下再卷，这样会容易一些。

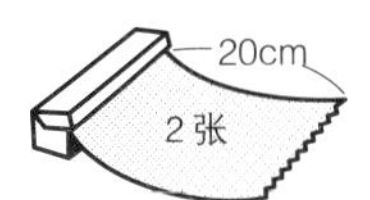

容器：10cm × 10cm × 5cm

番茄肉焗饭

酸酸的番茄搭配鲜美的肉汁，根本停不下来！
肉汁满满的仿佛要溢出来，趁热食用更美味哦！

材料（1人份）

番茄（大）…… 1个（约200g）

A
*装入番茄中
- 蒜末 …… 1/2瓣的量（管装蒜泥约1/2小匙）
- 洋葱末 …… 1/8个的量（约25g）
- 蘑菇 …… 2个
- 肉馅 …… 30g
- 米饭 …… 2大匙
- 帕尔玛奶酪 …… 15g（可用奶酪粉或可溶奶酪代替）
- 橄榄油 …… 1小匙
- 盐 …… 1/3小匙
- 黑胡椒碎 …… 少许

B
*放在番茄上面
- 帕尔玛奶酪 …… 少许
- 蘑菇 …… 2～3薄片
- 迷迭香、百里香等香草 …… 1小根（也可用干制香草代替）
- 黑胡椒碎 …… 少许

制作方法

1 在距离番茄顶部2cm处将其横切开，用勺子掏出果肉，留下7～8mm边缘，底部约1cm厚 P。取1大匙果肉，用勺子捣碎备用。

2 A中的蘑菇切成2mm厚的薄片。帕尔玛奶酪也削成薄片。将A中食材全部放入塑料袋中揉搓均匀，放置20分钟。

3 将1中捣碎的番茄果肉放入2中搅拌，然后塞到番茄中。

4 将B中的食材放到3的上面。

5 将4放到方盒形锡纸容器中，用烤箱加热约15分钟。

烹饪 & 食用小窍门

- 放入捣碎的番茄果肉搅拌，注意不要加入过多的番茄汁。
- 加热后肉馅会缩小，所以不用担心塞得过满。

P point

挖番茄果肉时可以使用普通的勺子，如果用那种尖端带锯齿的勺子会更方便哦。

油炸脆豆腐包饭

香香脆脆的油炸豆腐，咬一口香气四溢！

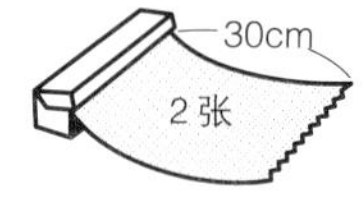

糖果船形包裹：3cm 高

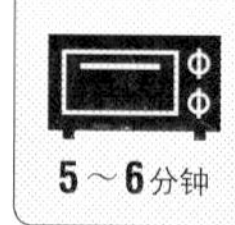

材料（1人份）

米饭…………………　130g（近1碗）

A
*寿司饭材料
- 寿司醋…………………2小匙
- 黑芝麻……………1/2小匙
- 红姜丝…………………1小匙

油炸豆腐皮……………………3块

黑芝麻………………………少许

制作方法

1 取3根牙签放入水中。将A中调料与热米饭混合，分成3等份，捏成寿司形。

2 用油炸豆腐皮将1中的米饭卷起来，用牙签固定以防散开 P。表面放几粒黑芝麻。

3 放入船形锡纸容器中，用烤箱加热5～6分钟，直至表面变得香脆。

P point

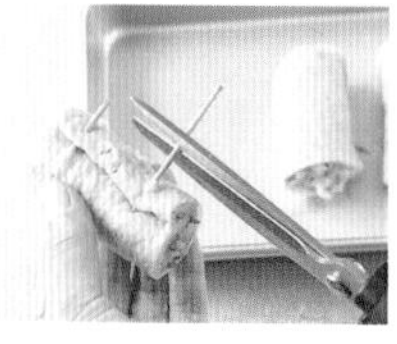

用油炸豆腐皮将饭团卷起来，再用牙签固定。牙签多余的部分可以用剪刀剪掉。先将牙签用水浸泡一下会更容易穿透豆腐皮。

烹饪美味的 1 人份米饭

锡纸蒸饭

只需要在碗形锡纸容器中加入大米和水即可。

准备

锡纸

- 用来制作碗形容器：边长25cm的正方形　2张
- 锡纸盖：边长20cm的正方形　1张

1 在碗形容器中加入大米和水

将1人份的大米（1/2合*）浸泡在500mL水中（不是免洗米则需要先清洗），淘米，再在水中浸泡1小时。

*1 合 =180mL=150g

2 将容器放入平底锅

将 1 中浸泡的大米捞出滤干水分，再次放入锡纸容器中。将容器放入平底锅内，加入 100mL 水，开中火。

3 加热直至沸腾

水沸腾，表面出现气泡后转小火，盖上锡纸盖。

4 盖上锅盖

再将平底锅的锅盖盖上，用小火加热 10 分钟。

5 完成

热腾腾的米饭做好啦！锡纸容器可轻松做出 1 人份米饭。

P **point**

- 如果时间比较紧，用热水浸泡30分钟即可。如果使用的是籼稻米，浸泡30分钟即可。
- 蒸好后先尝一下，如果夹生，可以加入少量的水（10mL左右）再蒸一会儿。

Part 2

for Dinner

晚餐或下酒菜的锡纸食谱

蛤蜊芜菁菜花浓汤

使用锡纸，任谁都能烹饪出口感香滑的浓汤！
可根据季节和个人喜好变换食材，享受全新的口味搭配。

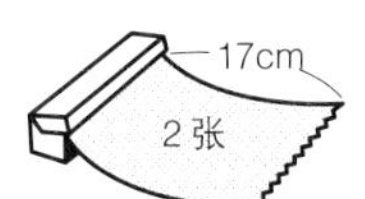

容器：10cm×7cm×5cm

材料（1人份）

蛤蜊……………… 6个（其他贝类）
芜菁……………… 1/2个（约20g）
菜花………………………1小朵
鲜冬菇……………………1个
汤料包…………………… 少许
（鱼贝类或蔬菜等清汤类）
A 牛奶 ……………………40mL
A 鲜奶油 …………………40mL
A 鸡蛋 ……………………1个
红胡椒粒……… 5～6粒（可不加）
欧芹叶…………………… 适量

制作方法

1 蛤蜊去净泥沙后放入微波炉（600W）中，加热1分钟～1分30秒，直到蛤蜊开口。取出，将汤汁留好备用。芜菁切成4等份，和菜花一起放入微波炉（600W）中加热1分钟左右。鲜冬菇切成5mm厚的薄片。

2 取1中的蛤蜊汁25mL，加入汤料包。如果蛤蜊汁不足25mL，则加水添足。加入A中的食材。

3 将方盒形锡纸容器放到平底锅上，放入芜菁、菜花、蛤蜊和鲜冬菇片。

4 将2轻轻倒入锡纸容器中。在平底锅中加水，水面低于锡纸容器边缘2cm，开中火加热P。

5 平底锅中的水沸腾后，转小火，盖上锡纸盖和平底锅锅盖，继续加热15分钟左右，直到其微微凝固，注意不要将平底锅内的水蒸干P。

6 从平底锅中取出后，撒上红胡椒粒，放上欧芹叶。

P point

如果先倒入鸡蛋液，再加入其他材料时可能会溅出，因此请先放入其他食材再倒入鸡蛋液。

这道菜需要在平底锅中加水蒸煮，因此在制作方盒形容器时注意不要留有缝隙。

比尔亚尼风味饭

米饭上铺上一层香料，这就是印度的比尔亚尼风味饭。
调整烹饪方式后，在家中也能轻松完成。

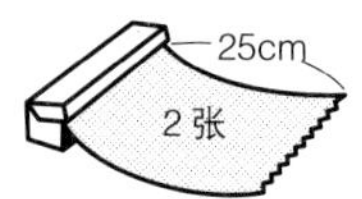

容器：直径 15cm

材料（1人份）

鸡翅根……………………………2个
柠檬汁…………………………2小匙
盐…………………………… 1/4小匙

A
- *腌泡汁
- 蒜泥 ………………1瓣的量（管装蒜泥约1小匙）
- 生姜泥 ……………………拇指大小条状2cm长的量（管装生姜泥约2小匙）
- 洋葱泥…1/8个（约25g）
- 印度五香咖喱粉 … 1/2小匙
- 酸奶 …………………5大匙

籼稻米………………………… 1/2杯（若使用日本大米，需放入热水中浸泡15分钟）
水…………………………… 120mL

B
- *蒸饭用
- 孜然粒 …………… 1/8小匙
- 丁香 ……………… 2～3个
- 桂皮 ……………………1根
- 小豆蔻、八角 ………各2个
- 香菜籽、芥末籽… 各1/4小匙
- 姜黄粉 …………… 1/2小匙
- 盐 ………………… 1/3小匙

腰果……………………… 3～4个

制作方法

1 在鸡翅根上撒柠檬汁和盐，和A中调味料一起放入塑料袋中，揉搓均匀，放置1小时。向籼稻米中加入500mL水，浸泡15分钟。

2 将方盒形锡纸容器放入平底锅中，将沥干水分的籼稻米和鸡翅根、B、腰果一起放入容器中，加水。

3 开中火，沸腾后盖上锡纸盖继续煮10分钟，直到容器中的水分被蒸干。

4 煮到籼稻米略夹生的时候关火，整体搅拌均匀。

烹饪 & 食用小窍门

- 食用时，可以用洋葱、柠檬汁、盐和辣椒粉调成酱汁或者用酸奶拌黄瓜片搭配食用，口感更佳。

P point

蒸米饭时加入了很多香料。B 中的香料也可以用 1½ 勺咖喱粉来代替。

芝麻烤金枪鱼盖饭

芝麻烤鲐鱼是日本福冈的名菜，这里改用金枪鱼来烹饪。
先直接食用，然后可以尝试用茶泡饭，品尝两种不同的味道。

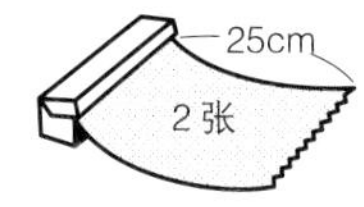

容器：直径 15cm

材料（1人份）

金枪鱼（刺身用）… 5片（约60g）
酒…………………………… 1½小匙
A *腌制酱汁
- 白芝麻酱 ……………2大匙
- 白碎芝麻 ……………4大匙
- 白芝麻 ………………1小匙
- 酱油 ………………2½大匙
- 酒 …………………1½大匙
- 鸡蛋黄 ………………1个

米饭……………… 130g（将近1碗）
葱白切丝………………5～6cm长
芥末………………………… 少许

制作方法

1 将酒洒在金枪鱼片上。将A中材料放入塑料袋中揉搓均匀 P。

2 将金枪鱼片放进塑料袋中，放入冰箱腌制1小时。

3 将热米饭放入碗形锡纸容器中，将2中金枪鱼片放到米饭上，袋中的酱汁可以按照个人喜好倒入米饭中。

4 放入烤箱中加热5～6分钟，烤出焦黄色后取出，放上葱白丝和芥末。

烹饪 & 食用小窍门

- 由于我们使用的是金枪鱼刺身，因此只需将表面烤熟即可，加热时间过长会导致肉质变硬，口感变差。
- 茶泡饭可以用比较浓的绿茶。

P point

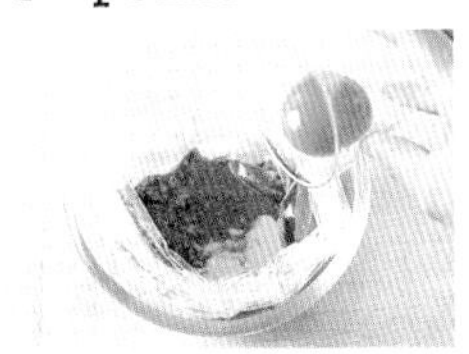

腌制金枪鱼片时加入蛋黄可以让汤汁变得更加浓稠。

盐烤竹筴鱼

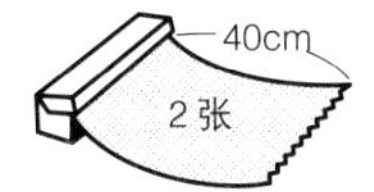

容器：30cm × 15cm × 5cm

普通方法做出来的鱼吃腻了？裹上盐来烤一烤吧！
在饭店里这道菜并不常见，但在家用竹筴鱼就可以做出来。
配上冰白葡萄酒，开怀畅饮吧！

材料（1人份）

竹筴鱼……1条

A ＊塞入鱼腹内
- 柠檬皮……1/8个柠檬的量
- 迷迭香、百里香……各2枝
- 月桂叶……3片
- 蒜……1瓣

白葡萄酒……1/2小匙

B ＊裹盐用
- 蛋白……1个鸡蛋的量
- 粗盐……250g

迷迭香……1枝
柠檬……适量
橄榄油……适量

制作方法

1 竹筴鱼从腹部剖开，取出内脏，用冰水快速冲一下。将A塞入鱼腹中，白葡萄酒淋在整条鱼上。

2 B中材料放到塑料袋中，用手揉捏均匀。

3 方盒形锡纸容器放到烤箱托盘上，将2的1/3倒入容器中并摊开，确保其大小可以包住竹筴鱼。然后将鱼放入容器内，倒入剩下的2/3。将迷迭香放在最上面 P。

4 3放入烤箱，加热15分钟左右。如果表面出现焦黄色就盖上锡纸盖，继续加热5～10分钟。

5 加热过程中可以将竹扦或金属签插进鱼肉中再拔出来，通过观察竹扦上的鱼肉来判断是否熟透。可以搭配柠檬和橄榄油食用。

烹饪 & 食用小窍门

- 烹饪过程中会使用大量的盐，300g粗盐售价约150日元（约合人民币9元），比较实惠。而且腌制出来的鱼口味更加正宗。
- 请先将锡纸容器放置于烤箱托盘上，再加入盐和竹筴鱼，这样可以防止因为过重，容器在移动过程中破裂。
- 检查鱼是否烤熟时，可以先蘸湿竹扦头，再一边旋转一边插入鱼肉中，会更省力。

P point

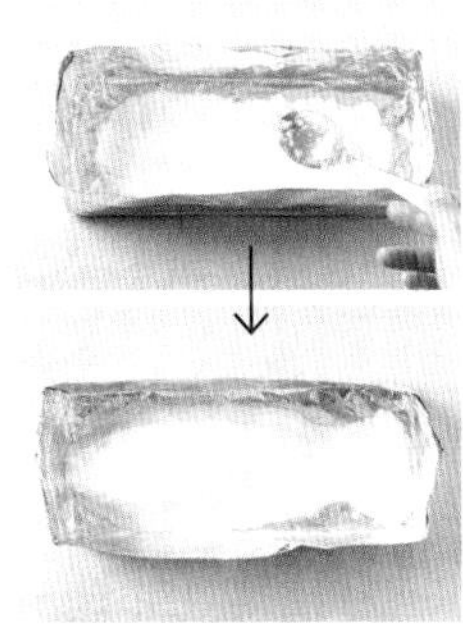

将粗盐和蛋白混合均匀后的B倒入锡纸容器时，先倒入1/3并摊开，然后再将鱼放入，最后倒入剩余的2/3，使整条鱼被完全包裹住。

缅甸家常风味炒菜花

做出的菜花味道总是一成不变？让我们换一种烹饪方式吧！
想不想尝尝这道饭店里吃不到的缅甸家常菜？

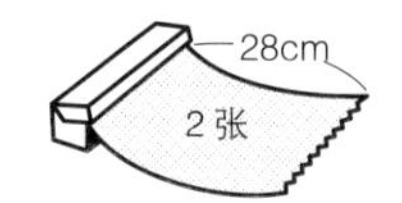

容器：18cm × 10cm × 5cm

材料（1人份）

菜花…………………………1/3个
洋葱…………………1/6个（35g）
蒜………………………………1瓣
干虾仁……………………1½大匙
鱼露………………………1½大匙
色拉油………………………2大匙
姜黄粉………………………1小匙
黑胡椒碎……………………适量

制作方法

1 菜花掰成小块，用保鲜膜盖好放入微波炉（600W）中加热2分半钟左右。洋葱竖着切薄片，蒜也切薄片。干虾仁切末。

2 将1中的菜花、干虾仁、鱼露、色拉油（1大匙）放入塑料袋中，揉搓均匀。

3 将洋葱、蒜、色拉油（1大匙）和姜黄粉放入另一个塑料袋中，揉搓均匀。

4 将3倒入方盒形锡纸容器中，放入烤箱中加热5分钟左右至褐色。

5 4变为褐色后，从烤箱中取出，加入2，用筷子搅拌均匀，再次放入烤箱中加热7～8分钟。

6 从烤箱中取出，撒上黑胡椒碎。

烹饪 & 食用小窍门

- 洋葱和蒜放入烤箱加热时稍微烤焦一点，这样姜黄粉的香味会最大程度地激发出来。

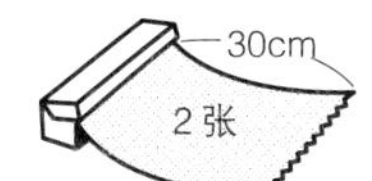

糖果形包裹：30cm×20cm

葱香腌鱿鱼

冰箱里常会有吃剩的腌鱿鱼，简单几步就可以让它变成美味的下酒菜。
喷香扑鼻的烤鱿鱼和香葱是绝妙的搭配。

材料（1人份）

大葱……………………………1根
腌鱿鱼………………………3大匙
黄油…………………………10g
（可以根据个人喜好换成1大匙蛋黄酱）
五香辣椒粉、黑胡椒碎……适量
（或用黑七味、山椒等香料。选取任意两种）
橙醋…………………… 2～3小匙

制作方法

1 大葱斜着切成约1mm厚的薄片。腌鱿鱼切成约1cm长的小块。

2 在锡纸中央放一层葱，再将腌鱿鱼放在葱上。将黄油分成小块，分散着放在最上面。

3 在2的半边撒上五香辣椒粉，另外半边撒上黑胡椒碎，包裹成糖果形 P。在烤箱中加热7～8分钟，取出后打开锡纸，淋上橙醋。

P point

在锡纸上放好葱和腌鱿鱼后，将五香辣椒粉和黑胡椒碎分别撒在两边，这样您就可以尝到两种不同口味的腌鱿鱼。

三种风味烤鸡翅

调整酱汁和腌泡汁的比例，可以改变食物的口味。
请您品尝日式、中式、西式3种不同口味的烤鸡翅。

味噌柚子胡椒烤鸡翅

柚子胡椒的香气能够勾起食欲，很适合做下酒菜。

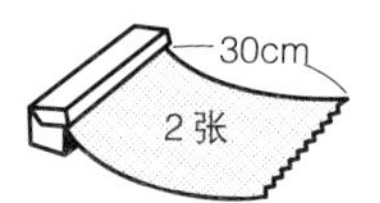

信封形包裹：30cm×20cm

材料（1人份）

鸡翅……………………………2个
大葱…………………………… 8cm

A
- *酱汁
- 蒜末 ……………1/2瓣的量（管装蒜泥约1/2小匙）
- 味噌 ……………………1小匙
- 柚子胡椒 …………1/2小匙
- 酒 ……………………2大匙

制作方法

1 鸡翅用水轻轻洗净，擦干。将大葱切成2段，表面上划几刀 P。

2 将A装入塑料袋中，加入1，揉搓均匀后放置30分钟～1小时。

3 将2放置于锡纸中央，包成信封形，放入平底锅，中火加热5分钟左右。再将其整个翻面，继续加热3分钟。

烹饪 & 食用小窍门

- 调料中有味噌，用锡纸包裹住不容易烤焦。

P point

在葱段上划几刀再加热，葱的香味会更容易散发出来，烤翅也会变得更加美味。可以切得深一些，只要不完全切断就可以。

芝麻油花椒风味烤鸡翅

加入了花椒的中国风味烤鸡翅。

材料（1人份）

鸡翅…………………………………………… 2个
牛蒡…………………………………………… 5cm
莲藕……………………1.5cm厚的1片（带皮）

A
*酱汁
蒜末 ……… 1瓣的量（管装蒜泥约1小匙）
花椒 ……………………………… 1小匙
（花椒粒、花椒粉均可。也可用山椒代替）
绍兴酒 …… 1½大匙（可用普通的酒代替）
酱油、白砂糖 ……………… 各1大匙
芝麻油 ………………………… 2大匙

制作方法

1 鸡翅用水轻轻洗净，擦干。牛蒡刮掉表皮，竖着切成4条。

2 将A中调味料、1和莲藕片放入塑料袋中，揉搓均匀放置30分钟～1小时 P。

3 倒入方盒形容器中，放入烤箱加热10分钟左右。

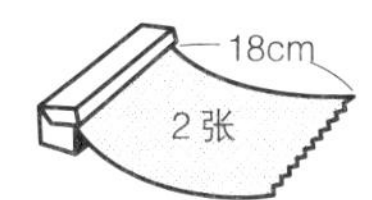

容器：16cm × 12cm × 3cm

P point

将酱汁原料放入塑料袋后先揉搓一会儿，待混合均匀后再加入蔬菜和鸡翅一起揉搓均匀。

烹饪 & 食用小窍门

- 搭配油菜等绿色蔬菜也很美味哦。

普罗旺斯风味烤鸡翅

用迷迭香和百里香腌制，可以做出搭配红酒的普罗旺斯风味烤鸡翅。

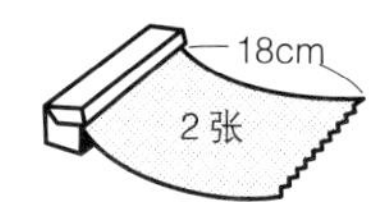

容器：16cm × 12cm × 3cm

材料（1人份）

鸡翅……………………………2个

鲜冬菇…………………………2个

A
- *腌泡汁
  - 蒜 ……………………… 1/2瓣
  - 黑胡椒碎 …………… 适量
  - 柠檬汁 ………………1小匙
  - 橄榄油 ………………2大匙
  - 盐 ……………………1/3小匙

迷迭香、百里香……… 各2～3枝

制作方法

1 鸡翅用水轻轻洗净，擦干。鲜冬菇去掉根部。蒜瓣带皮用菜刀拍扁。

2 A中调味料装入塑料袋中，放入鸡翅和鲜冬菇，揉搓均匀。再加入迷迭香和百里香，放置30分钟～1小时。

3 将食材放入方盒形锡纸容器中，放入烤箱加热10分钟左右。

烹饪 & 食用小窍门

- 也可以根据个人喜好选用罗勒叶或牛至等其他香草。

西葫芦卷

这道料理使用了一整个西葫芦，
非常适合家庭派对。吃不完可以做成第二天的便当。

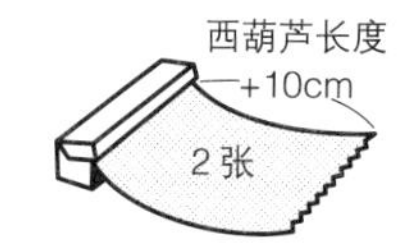

糖果形包裹：长度根据西葫芦大小调整，宽 20cm

材料（1人份）

西葫芦…………………………1根
胡萝卜………… 3～4cm（约10g）
红椒……………… 1/8个（约15g）
青椒……………… 1/4个（约10g）
鲜冬菇…………………………1个
油浸金枪鱼罐头… 1/4罐（约70g）
洋葱……………… 1/10个（约20g）
蛋黄酱………………………1大匙
盐、黑胡椒碎……………… 少许
热那亚香蒜酱（或者香蒜罗勒酱）
……………………………1大匙
牛至、辣椒粉……………… 适量

制作方法

1 用刮皮器刮掉西葫芦的外皮，竖着对切开。用勺子挖出里面的瓤，留下1cm左右厚的果肉。将胡萝卜、红椒和青椒切末，鲜冬菇切成1mm厚的薄片。

2 金枪鱼罐头的油滤净，金枪鱼拆成细丝，洋葱切末。加入盐、黑胡椒碎、蛋黄酱和热那亚香蒜酱搅拌均匀。

3 将2塞入半边西葫芦内，另一边按顺序放入1中的蔬菜，洒上牛至和辣椒粉 P。

4 将两半西葫芦合起来，用锡纸包成糖果形 P。放入烤箱中加热20分钟左右。

5 烤好后打开锡纸，切成2cm长的块。

P point

将切碎后五彩斑斓的蔬菜按顺序摆好是这道菜的关键。

在用锡纸包裹时，注意将西葫芦的两边仔细对齐，用锡纸紧紧包住。

葱头鸡胗烤串

孜然和月桂叶的香气配上鸡胗的口感，简直妙不可言。

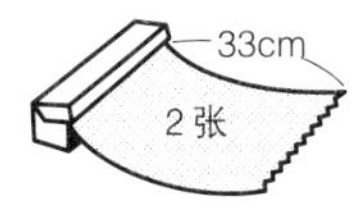

容器：25cm×12cm×4cm

材料（1人份）

鲜月桂叶…… 8片（也可用干月桂叶）
鸡胗……………………………2个
鲜冬菇…………………………2个
小芋头………………………1/2个
葱头……………………………2个

A
- *预先调味
- 孜然粉 ………………2小匙
- 盐 …………………1/2小匙
- 橄榄油 ………………2大匙

橄榄油………………………2小匙

制作方法

1 竹扦放到水中浸泡10分钟左右 P。如果使用干月桂叶，需要在其中间划几刀。

2 将鸡胗切成两半，鲜冬菇去掉根部，芋头带皮切成两半。

3 将2和带皮的葱头放入塑料袋中，加入调味料A，揉搓均匀，放置30分钟。

4 将3和月桂叶用竹扦串起来。从下至上分别是葱头、鸡胗、鲜冬菇、芋头、鸡胗，每两种食材之间夹1片月桂叶。

5 将串好的烤串放入方盒形锡纸容器中，倒上橄榄油，放到烤箱中加热12～13分钟。

烹饪 & 食用小窍门

- 使用厨房剪刀可以轻松地将鸡胗剪成两半。

P point

竹扦放到水里泡一泡，可以防止因温度过高而被引燃。

石锅拌饭

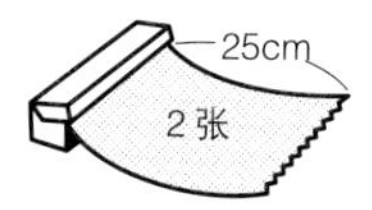

容器：直径 15cm

一个人走进烤肉店需要很大的勇气。
想吃烤肉又找不到伴儿？这时候可以用锡纸容器来做1人份的石锅拌饭。
喷香的米饭带着微微的焦黄色，还可以吃到很多种蔬菜哦。

材料（1人份）

A
- 牛肉（烤肉用）············ 80g（也可以用猪五花肉）
- 烤肉酱 ················· 1½大匙

芝麻油························ 1/2大匙
米饭····················· 1碗（160g）
市售韩式拌菜和泡菜（菠菜、豆芽、胡萝卜、泡菜）········· 各1½大匙
红辣椒酱························2小匙

制作方法

1. A中材料放入塑料袋中揉搓均匀，放置30分钟。
2. 芝麻油倒入碗形锡纸容器中，放入烤箱中加热5分钟左右，油热后取出。
3. 米饭和1分别放到2中锡纸容器的两边 P。然后再次放入烤箱中加热7～8分钟，将肉烤熟，米饭表面烤出焦黄色后取出。
4. 将各种颜色的泡菜和拌菜放入容器中，加入红辣椒酱。

烹饪 & 食用小窍门

- 如果没有即食拌菜，可以使用生菜丝或黄瓜丝，将肉的味道做得浓一些。

P point

注意要将肉和米饭分开放置。这样肉的受热会更加均匀，米饭也能够烤出漂亮的焦黄色。

红酒牛肉火锅

汤底中加入了红酒的牛肉火锅。
尽情享受一人餐的时光吧！

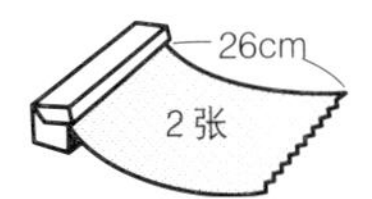

容器：18cm×15cm×4cm

材料（1人份）

- 茼蒿……8棵
- 大葱……10cm
- 环形烤面筋……3个
- 牛肉片（火锅用）…5～6片（约80g）
- 色拉油……1小匙
- 魔芋结……2个
  （若使用普通魔芋需30g，撇去浮沫后加入）
- 烤豆腐……2块
- A *汤底
  - 酱油……100mL
  - 味醂……5小匙
  - 白砂糖、红酒…各3½大匙
- 蛋黄……1个

制作方法

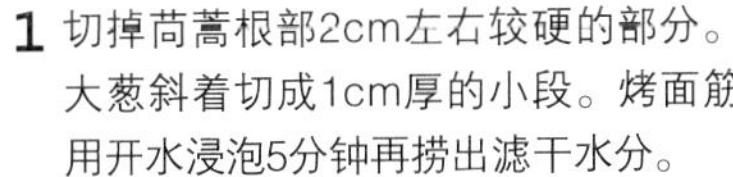

1 切掉茼蒿根部2cm左右较硬的部分。大葱斜着切成1cm厚的小段。烤面筋用开水浸泡5分钟再捞出滤干水分。

2 色拉油和牛肉放入方盒形锡纸容器中，放入烤箱中加热2～3分钟，将牛肉烤熟P。

3 2从烤箱中取出，加入1、魔芋结、烤豆腐和A，再次放入烤箱中加热12～13分钟。

4 加热完后取出，放入鸡蛋黄。

烹饪 & 食用小窍门

- 搭配米饭食用。最后可以将米饭倒入剩余的汤汁中，再次放入烤箱中加热，会非常美味哦。

P point

将肉在锡纸容器中摊开后再放入烤箱加热，这样受热会更均匀。加热时间过长会导致肉质变硬，因此肉变色后应立即取出，倒入汤底。

鲑鱼芹菜杂烩饭

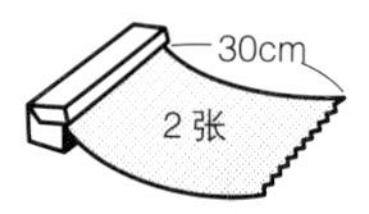

容器：直径 20cm

海鲜和罐头经常会剩在冰箱里。不知道该做什么菜的时候，可以用它们来做海鲜盖饭。煮海苔加上橄榄油，日本和意大利风味的混搭令人耳目一新！

材料（1人份）

	材料	用量
A	籼稻米	1/2杯（若使用日本大米，需放入热水中浸泡15分钟）
	法式清汤汤底	1小匙
	芹菜	15cm（约30g）
	洋葱	1/10个（约20g）
	蒜	1/2瓣
	橄榄油	1大匙
	鲑鱼罐头	1罐（约100g）
	四季葱切片	2根
B	煮海苔	1½大匙
	橄榄油	1½大匙
	水	1大匙
	酸橘	1/2小匙（可用柠檬代替）

制作方法

1 向籼稻米中加入500mL水，浸泡15分钟后沥干水分。芹菜切成1cm小块，洋葱切末，蒜瓣剥皮用菜刀拍扁。

2 A中材料放入塑料袋中，揉搓均匀。

3 碗形锡纸容器放到平底锅上，加入2，再放入沥干的鲑鱼和四季葱。留取罐头里的汤汁备用。

4 在罐头里的汤汁中加水，稀释到100mL，倒入锡纸容器中。

5 中高火加热，沸腾后转中火，盖上平底锅锅盖，加热12～13分钟，直到锡纸容器中的水分蒸干。

6 加热过程中使用B中材料制作酱汁。将橄榄油与水混合到一起，再加入煮好的海苔，挤入酸橘汁。

培根梅杂烩面

西班牙杂烩饭中的米饭换成了意面。培根的咸香搭配加州梅的酸甜甚是美妙。培根的味道渗透到鹰嘴豆和红腰豆中，饱满的口感让人欲罢不能。

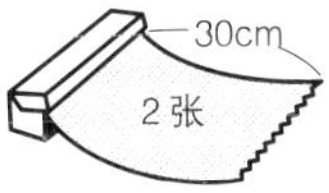

30cm
2张

容器：直径 20cm

材料（1人份）

意大利面（1.6mm）…… 60g

A
- 洋葱末 …… 1/10个的量（约20g）
- 蒜末 …… 1/2瓣
- 鹰嘴豆（水煮）、红腰豆（水煮）… 各40g
- 去核加州梅 …… 5个（约40g）
- 培根碎 …… 30g

橄榄油…… 2大匙

水…… 160mL

法式清汤汤底…… 1小匙

盐…… 1/2小匙

黑胡椒碎、辣椒粉……适量

柠檬…… 1/2个

制作方法

1 先将意大利面均匀地折成3段，再将每段掰成两半 P。

2 碗形锡纸容器放到平底锅上，加入1，再将A中的食材摆在上面，均匀倒入橄榄油。

3 水和法式清汤汤底混合，倒入2中，撒盐。

4 开中高火加热，沸腾后转中火，盖上平底锅锅盖加热12～13分钟，直至锡纸容器中的水分蒸干。

5 取出容器，撒入黑胡椒碎和辣椒粉，边上放半个柠檬。

P point

我们将意大利面掰成 6 段使用。先 3 等分，再分别将每段掰成两半。

吃点蔬菜吧！ 4 色蔬菜烧烤

尽情地吃自己喜欢的蔬菜吧！
加上面包和汤就是丰盛的一餐！
也可以夹在三明治里，作为第二天的便当或午餐。

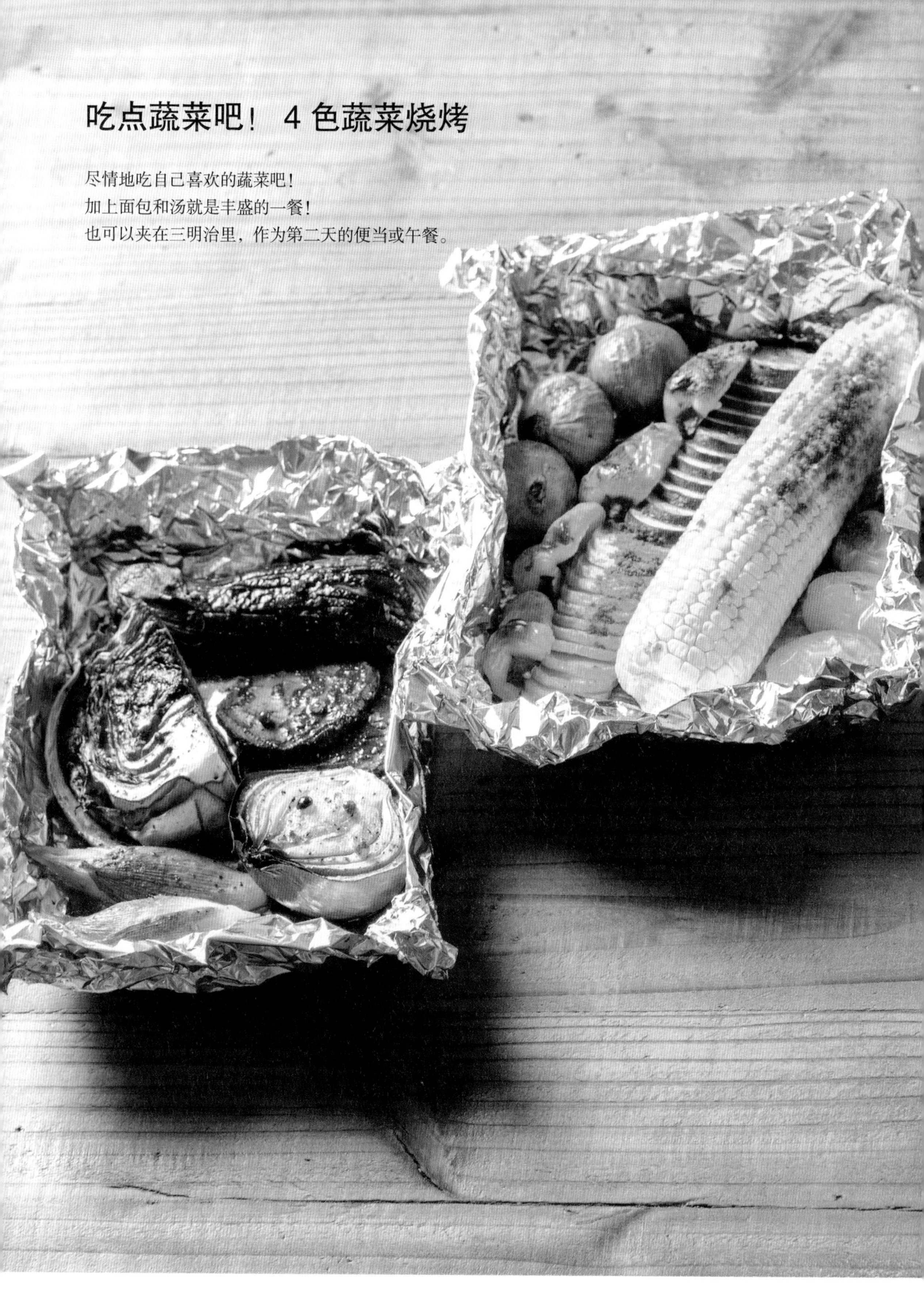

烤紫色蔬菜

富含花青素，抗衰老效果绝佳！

材料（1人份）

紫洋葱……………………… 1/2个
阳荷…………………………2个
茄子…………………………1个
紫甘蓝……………………… 1/6个
黑橄榄（水煮罐头） ……… 2～3颗
橄榄油………………………2大匙
岩盐……………… 1/3～3/4小匙
（根据个人喜好调节用量，可以用天然盐代替）
黑胡椒碎…………………… 适量
红胡椒粒…………………… 5～6粒

制作方法

1 用刀在阳荷上竖着划1刀，茄子每隔5mm竖切1刀。

2 将所有蔬菜摆放在方盒形锡纸容器中，倒上橄榄油，再加入岩盐、黑胡椒碎和红胡椒粒。

3 在烤箱中加热20分钟左右。

18cm
2张

容器：15cm × 10cm × 4cm

烹饪 & 食用小窍门

- 罐头里的黑橄榄大部分是切片的，可以直接使用。紫甘蓝切成1/6大小即可，无须切碎。紫洋葱需要剥皮。
- 先倒入橄榄油可以防止岩盐和黑胡椒碎从蔬菜上滑落，这样更容易入味。
- 烤好后可以根据个人口味搭配酸奶油或挤上柠檬汁后食用。

烤黄色蔬菜

咖喱粉的鲜香令人食欲满满。

材料（1人份）

玉米…………………………1根
意大利番茄…………………3个
西葫芦…………………… 1/2根
红薯……………………… 1/2根
黄椒…………………………1个
洋葱…………………………3个
黄油……………………… 15g
橄榄油………………………1小匙
咖喱粉………………………1小匙
盐………………………… 1/3小匙

制作方法

1 用保鲜膜将玉米包起来，放到微波炉（600W）中加热3～4分钟。意大利番茄竖着对切开，西葫芦和红薯切成5mm厚的薄片，黄椒竖着切成4等份，小洋葱无须剥皮，在根部切1个十字。

2 将黄油放到微波炉（600W）中加热30秒左右至熔化，加入橄榄油、咖喱粉和盐，搅拌均匀。

3 将1中食材放入方盒形锡纸容器中，将2均匀地洒在其上，再撒上少许咖喱粉提味，放入烤箱中加热20分钟左右。

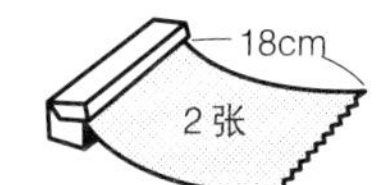

容器：15cm × 10cm × 4cm

烹饪 & 食用小窍门

- 将咖喱粉和黄油混合制成酱汁后，均匀地洒到蔬菜的上面。

烤红色蔬菜

番茄红素中满满的能量可以扫除一天的疲惫。

材料（1人份）

意大利番茄…………………… 1½个
樱桃番茄…………………………4个
番茄………………………………1个
红辣椒………………………… 1/3个
红甜椒……………………………1个
色拉油…………………………2大匙
鱼露……………………………2大匙
黑芝麻………………………… 适量

制作方法

1 意大利番茄切成两半，樱桃番茄可以直接使用，中等大小的番茄切掉底部和顶部，横着切成3片，红辣椒竖着对切开，红甜椒切掉蒂后横着切成环状薄片。

2 1中食材放入方盒形锡纸容器中，倒入色拉油后再加入鱼露和黑芝麻。

3 放入烤箱中加热15分钟左右。

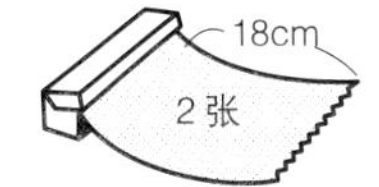

容器：15cm × 10cm × 4cm

烹饪 & 食用小窍门

- 先倒入色拉油可以防止鱼露和黑芝麻从蔬菜上滑落，这样更容易入味。
- 烤好后可以根据个人口味加入香菜或挤上柠檬汁后食用。

烤白色蔬菜

松松软软的口感令人欲罢不能！

材料（1人份）

白菜………………………… 1/6棵
金针菇…………………………1簇
芋头………………………… 1/4个
大蒜……………………………1瓣
莲藕………………1cm厚切片2片
芜菁………………………… 1/2个
橄榄油………………………2大匙
（可以用葡萄籽油、亚麻籽油、椰子油等您喜欢的油代替）
岩盐……………… 1/3～3/4小匙
黑胡椒碎…………………… 适量
迷迭香……………………… 适量
百里香……………………… 适量

制作方法

1 白菜可以直接使用，金针菇分成2簇，将根部切掉，注意不要使其散开。芋头带皮放入微波炉（600W）中加热30秒左右。莲藕刮掉外皮。芜菁将叶片切短，剥皮后竖着对切开。

2 将1中食材放入方盒形锡纸容器中，倒入橄榄油，再撒入岩盐和黑胡椒碎，放上迷迭香和百里香。

3 放入烤箱中加热20分钟左右。

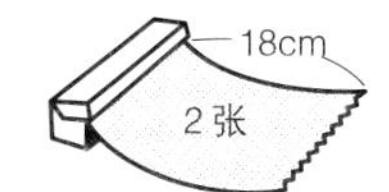

容器：15cm × 10cm × 4cm

烹饪 & 食用小窍门

- 先倒入橄榄油可以防止岩盐和黑胡椒碎从蔬菜上滑落，这样更容易入味。
- 烤好后，可以根据个人喜好用凤尾鱼末和柠檬汁以1：4调成酱汁搭配食用。搭配芥末油或芥末酱油食用也很美味哦。

自制文字烧

文字烧是日本关东地区的特色食品，是绝佳的下酒菜！非常适合用锡纸烹饪。

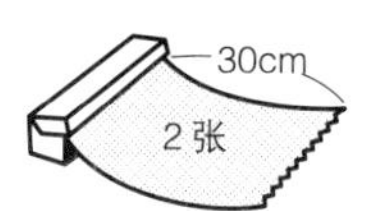

容器：20cm×10cm×5cm

材料（1人份）

A
- 小卷心菜 …… 1/10个（70g）
- 低筋面粉 …… 2大匙
- 鲣鱼精 …… 1/2小匙
- 伍斯特调味汁 …… 1½大匙
- 红姜丝 …… 1½大匙
- 明太子 …… 1/2大匙
- 鱿鱼丝 …… 1/2大匙（也可用干虾仁或银鱼代替）
- 水 …… 130mL

- 色拉油 …… 1小匙
- 火锅用年糕片 …… 2片
- 碎干脆面 …… 1½大匙
- 奶酪碎（最细的那种） …… 3大匙
- 海苔粉 …… 1大匙

制作方法

1. 卷心菜切碎，然后将**A**中所有材料放入塑料袋中揉搓均匀。
2. 锡纸容器放入平底锅中，倒入色拉油，将其用厨房纸巾在容器底部均匀摊开，开中火加热2分钟左右。
3. 将**1**倒入**2**，加热3～4分钟直至表面凝结成块，转小火，用铲子或勺子轻轻大幅度翻炒，注意不要弄碎锡纸。
4. 水分烧干后，将年糕撕成3cm见方小块，按顺序加入碎干脆面、奶酪碎和海苔粉。奶酪熔化后即可取出食用。

point

一边加热一边用铲子翻炒可以让水分蒸发，使其更加有文字烧的质感。翻炒过程中如果渐渐能够看到锡纸容器的底部，就可以在其中加入碎干脆面、奶酪碎和海苔粉了。

海胆黄油焖饭

海胆加黄油制作出美味焖饭。
绝妙搭配令人欲罢不能。

容器：15cm × 15cm × 5cm

12～13分钟

材料（1人份）

日本米……………………… 1/2杯

A
*汤汁
鲣鱼干 ………………3大匙
海带 …………5cm见方1块
热水 ……………… 100mL

海胆………………………… 30g
酒……………………………1大匙
盐……………………… 1/4小匙
黄油………………………… 10g
水芹……………………… 1/3把
黑胡椒碎…………………… 适量

制作方法

1 日本米洗好，放入500mL热水中浸泡30分钟。

2 用A中材料制作汤汁。将鲣鱼干放入一次性茶包中，放入开水中浸泡，稍稍降温后放入海带，5分钟后将二者取出，冷却P。

3 将方盒形锡纸容器放入平底锅中，在容器中放入沥干水分的大米，加入2中的100mL汤汁、海胆、酒和盐。

4 开火，沸腾后盖上锡纸盖，再盖上平底锅锅盖，转小火，加热7～8分钟。然后关火焖5分钟。

5 蒸好后加入黄油，整体搅拌后撒入黑胡椒碎，放入切成5cm长的水芹，趁热搅拌均匀。

P point

本食谱中将使用汤汁来烹饪米饭。将鲣鱼干放入一次性茶包中，无须过滤即可得到汤汁。

烹饪 & 食用小窍门

- 蒸好米饭后先尝一下，如果夹生，可以加入少量的酱汁，再用平底锅加热一会儿。

丰富的蔬菜和水果！

点心锡纸食谱

糖烤红薯

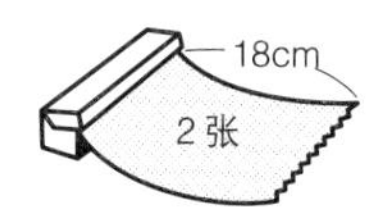

容器：10cm × 12cm × 4cm

裹上少许油，烘烤一下，香喷喷的烤红薯就完成了。
美味的关键是加入一点点盐。

材料（1人份）

红薯…………………………… 130g
（品种不限，最好选择糖分多、细腻一些的）
色拉油………………………1大匙
盐……………………………1小匙
白砂糖………………………4大匙
水………………………… 1/3小匙
黑芝麻……………………… 适量

制作方法

1 红薯无须剥皮，切成7～8mm厚的圆片，放入塑料袋中，加入少许水，放到微波炉（600W）中加热3分钟左右。

2 在1的塑料袋中加入色拉油和盐，揉搓，让红薯片均匀地裹上色拉油。

3 2放入方盒形锡纸容器中，放入烤箱，加热3分钟左右后取出。加入白砂糖和水，继续加热15分钟 P，直到糖溶化呈糖浆状。从烤箱中取出，撒上黑芝麻。

烹饪 & 食用小窍门

- 糖很容易粘着在锡纸上，因此最好使用硅胶树脂加工过的锡纸。

P point

先将红薯放入烤箱中加热，烤出香味后再加入白砂糖继续加热。加入少量的水可以使糖变成糖浆状，裹在红薯表面。

椰奶糖渍红薯

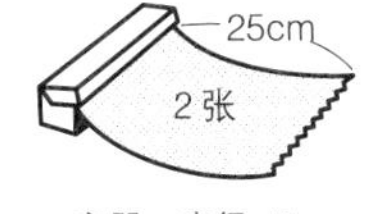

容器：直径 15cm

印度尼西亚的一种使用水果和红薯制成的甜品。
亚洲甜品柔和、甜腻的口感可以治愈人的心灵。

材料（1人份）

红薯……… 1/4个（用比较甜的品种）
香蕉……………………………1根
南瓜………………………… 1/8个
棕榈糖………………………2大匙
（可以用三温糖或黑砂糖代替）
椰奶……………………… 200mL
山菠萝叶…… 1片（可用香草精代替）

制作方法

1 红薯无须剥皮，切成3～4cm长的块。香蕉切成两段。南瓜去掉皮和子，切成3～4cm见方的块。

2 红薯和南瓜放入微波炉（600W）中加热3分钟左右，香蕉加热1分钟左右 P 。

3 将2中食材和棕榈糖、椰奶、山菠萝叶放入碗形锡纸容器中，放入烤箱加热20分钟左右。

使用微波炉加热时，可以将食材放入塑料袋中。红薯和南瓜可以放入同一个塑料袋中，加一点水，一起加热。

无花果奶茶布丁

使用各种当季水果！
购买奶茶用香料即可尝到正宗的味道。

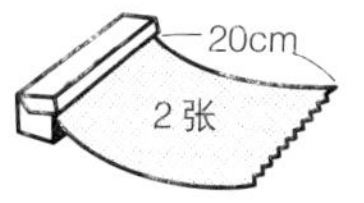

容器：10cm × 10cm × 5cm

材料（1人份）

A
- 热水 ························ 60mL
- 红茶茶叶 ················ 1½小匙
- 奶茶香料 ··················· 1人份
  （也可以使用豆蔻、肉桂、茴香各1个）
- 白砂糖 ··············· 1～3小匙
  （根据个人口味调整甜度）

B
- 牛奶 ························ 20mL
- 鲜奶油 ····················· 20mL
- 鸡蛋 ·························· 1个

无花果 ···························· 1个
（可以根据个人喜好使用其他水果）

制作方法

1 红茶茶叶和奶茶香料放入一次性茶包中，将茶包放入开水中，加入白砂糖，放置1小时 P。完全冷却后取出茶包，倒出50mL茶水备用。

2 方盒形锡纸容器放置于平底锅上，无花果无须去皮，竖着对切开放到锡纸容器中。

3 将1中的50mL茶水和B倒入塑料袋中，将蛋液揉搓均匀，倒入2。

4 在平底锅中加水，水面低于锡纸容器边缘3cm。开中高火加热直至沸腾，沸腾后转小火，盖上锡纸盖和平底锅锅盖，加热15分钟左右。

P point

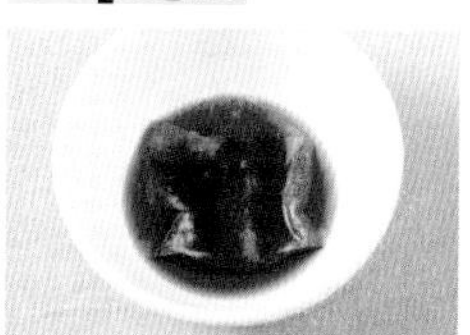

奶茶原本是使用香料和牛奶煮出来的。使用一次性茶包也能够做出浓浓的茶汤，这样省去了很多麻烦。

热带法式吐司

椰丝制成的法式吐司，不使用黄油，可以控制热量的摄取。
水果也可以一起加热后食用。

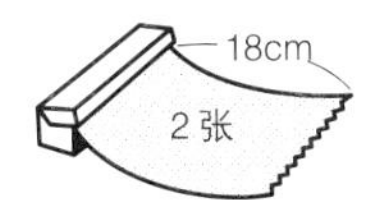

容器：10cm×15cm×4cm

材料（1人份）

法式长棍面包片……………………4片
（厚度1～1.5cm）

A
- 鸡蛋 ……………………………1个
- 牛奶 ……………………………80mL
- 棕榈糖 …… 2大匙（或绵白糖）
- 蜂蜜 ……………………………2大匙
- 椰丝（糕点用）………2大匙

猕猴桃……………………………1/2个
（可以根据个人喜好选择其他水果）

杨桃………………………………1/3个
（可以根据个人喜好选择其他水果）

制作方法

1 将A中材料放入塑料袋中，然后将面包片浸入其中，放置2～3分钟。水果切成1cm厚的薄片。

2 方盒形锡纸容器放到烤箱托盘上，将1中食材摆放在其中，放入烤箱中加热7～8分钟。

烹饪＆食用小窍门

- 完成后可以根据个人喜好配合椰子奶油食用。

松软香蕉面包

这是用锡纸烹制而成的独特的香蕉面包。
烤好后松松软软的感觉就像蒸蛋糕一样，冷却后口感会更有弹性。

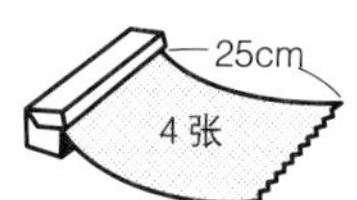

包裹：边长 25cm 的正方形

材料（4个份）

黄油………………………… 30g
香蕉……………………………1根
鸡蛋……………………………1个
白砂糖………………………3大匙
松饼粉……………………… 100g
干香蕉片…………………… 适量

制作方法

1 黄油放入微波炉（600W）中加热40秒左右直至熔化。将硅胶树脂加工过的锡纸横向竖向分别折成3等份后展开，折出九宫格形状的折痕。

2 香蕉放入碗中，用叉子弄碎，然后放入鸡蛋和白砂糖用打蛋器搅拌均匀。再加入松饼粉和黄油，搅拌均匀。

3 用勺子将其中1/4放在锡纸九宫格正中间的格子内，将干香蕉片放在最上面。然后沿着1中的折痕按上、下、左、右依次折向中间，包好。用同样的步骤制作4份。

4 将包好的锡纸包摆放在烤箱托盘上，加热12分钟左右。

P point

按照 1 中折好的折痕，将搅拌好的蛋糕糊放到九宫格最中间的方格中，注意不要超出折痕范围。这样做好的香蕉蛋糕才会是一个漂亮的长方体。

用锡纸制作冷甜品

冷蛋糕

锡纸一般是加热时使用，这次我们用它来制作冷蛋糕。
这个食谱很好地利用了锡纸独有的特性。
既可以保持蛋糕的形状，还可以快速冷藏蛋糕。

奶油水果夹心蛋糕

材料（2～3人份）

可可粉……………………………1大匙
鲜奶油………………………… 200mL
白砂糖……………………………2大匙
饼干……………………………… 18块
牛奶………………………………2大匙
杏肉果酱……………………… 适量
玫瑰香葡萄…………………… 适量
（可以根据个人喜好选择其他水果）

制作方法

1 用少量热水将可可粉溶解。将鲜奶油和白砂糖放入碗中，稍微打发起泡后加入可可粉，继续搅打均匀。

2 在25cm×30cm大小锡纸的正中央事先放上2大匙的鲜奶油，摊平。

3 将饼干放入牛奶中浸一下，立刻取出，在一面涂上杏肉果酱。摆上切成薄片的玫瑰香葡萄，涂上鲜奶油。

4 把另一块放入牛奶中浸湿的饼干放到**3**的上面，做成三明治的形状后，放到**2**中的鲜奶油上。

5 重复**3**和**4**，最后将剩余的鲜奶油涂抹到整个夹心蛋糕上。用锡纸包成糖果形，放到冰箱中冷藏2小时以上，稍微变硬一些后取出，斜着切成片。

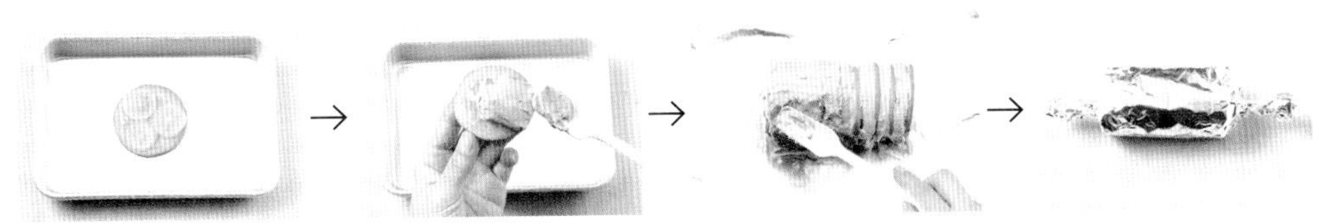

您每天都有好好吃饭吗？

进行拍摄工作时，我们经常会从早上一直忙活到深夜，虽然十分忙碌，但大家互相开开玩笑，焦躁和郁闷的情绪便一扫而光。我烹饪的一道道锡纸菜肴，大家试吃后都赞叹不已。从平常的聊天中也可以看出，大家平时也都很享受“食”的乐趣，把“食”放在了生活中的重要位置。

我一直都觉得，每天都在好好吃饭的人是不会因为一点点小事就焦躁不安或者灰心丧气的。

所以，我希望那些每天忙到无心做饭的人和那些嫌做饭太麻烦的人也能吃好一日三餐。使用锡纸来烹饪，省去清洗厨具和餐具的麻烦，短时间内就能完成一道菜，说不定会对大家有所帮助。

以此为契机，我开始思考如何用锡纸来烹制出美味而富有魅力的菜肴。

这次我特地没有将类似“锡纸烤鲑鱼”之类的家常菜谱收录进来，而是重点向大家介绍如何在家中制作一些在饭店里曾经吃到过的菜品，如何使用锡纸和手头现有的材料来制作。

当你因为工作上的事情而灰心丧气，或是莫名地感到有些消沉的时候，不要吃冷冻食品或者快餐了，用锡纸来做点自己想吃的饭菜吧！

将水嫩的蔬菜切好，鱼和肉烤得香气四溢，再蒸一碗香喷喷的米饭。然后，大口大口地吃掉吧！

使用锡纸烹饪，无须清洗碗碟即可轻松享用美味。

满满的胃，暖暖的心，让我们用最积极的状态迎接明天吧！

浅野曜子

工作人员的反馈

本书出版过程中，工作人员们按照书中食谱亲手烹制了美食并试吃，下面是他们的推荐菜品。

食谱制作人
（菜品负责人）

浅野曜子

（Yoko Asano）

最喜欢的 3 个食谱

第1名	**海胆黄油焖饭**（p67） 因为量很少所以可以奢侈一些。米饭的用量还不到1合，但是用这个食谱却可以烹制得非常美味。
第2名	**红酒牛肉火锅**（p59） 用锡纸容器来代替火锅就能够烹饪出1人份的料理。
第3名	**香滑韭菜鸡蛋**（p17） 用开水烫一下，鸡蛋竟然就可以变得如此香滑！

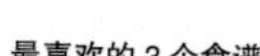

烹饪助理
（菜品负责人）

羽冬

（wato）

最喜欢的 3 个食谱

第1名	**石锅拌饭**（p56） 最受欢迎 里面的米饭像真正的石锅拌饭一样香气四溢，这全都是烤箱的功劳！真的非常美味！
第2名	**三种风味烤鸡翅**（p50） 用塑料袋让鸡翅入味后再放入烤箱烤一下，简单几步即可完成真是太棒了！
第3名	**松软香蕉面包**（p74） 虽然形状不像蛋糕，但是没想到烘烤后的形状这么可爱。拿来做伴手礼也很不错。

摄影师

熊原芳江

（Yoshie Kumahara）

最喜欢的 3 个食谱

第1名	**小扁豆热沙拉**（p24） 温热的小扁豆和清脆爽口的蔬菜搭配在一起，可以多吃蔬菜哦。
第2名	**石锅拌饭**（p56） 最受欢迎 喷香的米饭搭配肉和拌菜，没有比这更棒的了。
第3名	**热带法式吐司**（p73） 虽说面包也很美味，但是水果烘烤过后变得更加香甜，简直令人上瘾。

摄影师

田尻阳子

（Yoko Tajiri）

最喜欢的 3 个食谱

第1名	**芝麻烤金枪鱼盖饭**（p45） 刺身配上芝麻酱特别好吃，喝酒的时候吃最棒了。
第2名	**鲑鱼芹菜杂烩饭**（p60） 煮海苔搭配橄榄油制成的酱汁令人眼前一亮，米饭也非常松软。
第3名	**缅甸家常风味炒菜花**（p48） 鱼露和干虾仁的味道让人吃了还想吃，非常适合当下酒菜。

助理
网干彩
(Aya Aboshi)

最喜欢的 3 个食谱

第1名	**番茄肉焗饭** (p35) 一整个滚圆的番茄落在锡纸上的感觉，再加上从中溢出的鲜美肉汁，它就是我心中的No.1。
第2名	**香滑韭菜鸡蛋** (p17) 第一眼看起来只是普通的韭菜蒸蛋，但是吃到第一口就震惊了！味道很浓厚，美味满分！
第3名	**小扁豆热沙拉** (p24) 醋的酸味十分爽口，让人不停地想吃。

设计师
齐藤绫子
(Ayako Saito)

最喜欢的 3 个食谱

第1名	**番茄肉焗饭** (p35) 只用了一个番茄就让人感到非常满足，满满的肉汁让人无法抗拒。
第2名	**三种风味烤鸡翅** (p50) 包着锡纸进行烧烤，让皮有种脆脆的感觉，非常适合当家中小酌的下酒菜。
第3名	**蛤蜊芜菁菜花浓汤** (p41) 很难相信这道菜也能用锡纸来做！外观看起来也非常精致，很想在自己家里试一试。

策划负责人
牧野隆
(Takashi Makino)

最喜欢的 3 个食谱

第1名	**海南鸡饭** (p29) 鸡肉松软可口，米饭搭配鲜美汤汁，没有比这更美味的了。
第2名	**虾仁香菜炒面** (p27) 在塑料袋里揉匀后放进锡纸容器里就行了，操作真是太简便了。
第3名	**缅甸家常风味炒菜花** (p48) 我平时不怎么吃菜花，这个味道太令人上瘾了。

编辑
森田由纪子
(Yukiko Morita)

最喜欢的 3 个食谱

第1名	**红酒牛肉火锅** (p59) 竟然真的能做出1人份的火锅！红酒的味道有种成熟的感觉，我很喜欢。
第2名	最受欢迎 **石锅拌饭** (p56) 肉很鲜嫩，搭配香喷喷的米饭，非常美味。能用烤箱做出这种感觉真是太令人震惊了。
第3名	**自制文字烧** (p66) 用锡纸来制作，所以无须清洗碗碟还能品尝到饭店里的味道，简直令人感动。

图书在版编目（CIP）数据

懒人食谱：轻松锡纸料理 /（日）浅野曜子监修；
滕小涵译. -- 海口：南海出版公司, 2019.2
ISBN 978-7-5442-7367-1

Ⅰ. ①懒… Ⅱ. ①浅… ②滕… Ⅲ. ①烧烤—菜谱
Ⅳ. ①TS972.129.2

中国版本图书馆CIP数据核字(2018)第270655号

著作权合同登记号 图字：30-2018-147
TITLE：［アルミホイル超楽レシピ］
BY：［浅野　曜子］

LANREN SHIPU: QINGSONG XIZHI LIAOLI
懒人食谱：轻松锡纸料理

策划制作：北京书锦缘咨询有限公司（www.booklink.com.cn）
总 策 划：陈　庆
策　　划：李　伟

监　　修：〔日〕浅野曜子
译　　者：滕小涵
责任编辑：雷珊珊
排版设计：柯秀翠
出版发行：南海出版公司 电话：（0898）66568511（出版）（0898）65350227（发行）
社　　址：海南省海口市海秀中路51号星华大厦五楼 邮编：570206
电子信箱：nhpublishing@163.com
经　　销：新华书店
印　　刷：北京美图印务有限公司
开　　本：889毫米×1194毫米　1/16
印　　张：5
字　　数：69千
版　　次：2019年2月第1版　　2019年2月第1次印刷
书　　号：ISBN 978-7-5442-7367-1
定　　价：46.00元